SALLY
COULTHARD

DAS KLEINE
BUCH VOM
SCHNEE

SALLY COULTHARD

DAS KLEINE BUCH VOM SCHNEE

Aus dem Englischen
von Katy Albrecht

HEYNE ‹

Die englische Originalausgabe erschien 2018 unter dem Titel
THE LITTLE BOOK OF SNOW bei Anima,
einem Imprint von Head of Zeus Ltd.

Verlagsgruppe Random House FSC® N001967

2. Auflage
Deutsche Erstausgabe 2019

© by Sally Coulthard, 2018
© der deutschsprachigen Ausgabe 2019
by Wilhelm Heyne Verlag, München,
in der Verlagsgruppe Random House GmbH,
Neumarkter Straße 28, 81673 München
Illustrationen von Ian bei KJA Artists
Redaktion: Sabrina Kiefer
Umschlaggestaltung: Nele Schütz
unter Verwendung eines Motives von Ian
bei KJA Artists, © Anima
Herstellung: Helga Schörnig
Satz: Leingärtner, Nabburg
Druck und Bindung: CPI books GmbH, Leck
Printed in Germany
ISBN: 978-3-453-20731-8

www.heyne.de

Und kommt dann der Winter mit eisigem Wehn,
Dann schließe ich Türen und Läden voll Hast
Und bau mir im Dunkel den Feenpalast.

Charles Baudelaire, »Die Blumen des Bösen«

Für James

Inhalt

Geschüttelt aus der Lüfte Brust
Und aus der Röcke Wolken-Falten,
Übers braune, kahle Land,
Über ruhende Felder,
Fällt still und leise,
Sanft der Schnee

Henry Wadsworth Longfellow,
»Schneeflocken«

EINLEITUNG

Meine Eltern haben ein Kinderfoto von mir, darauf bin ich ungefähr acht Jahre alt und stehe mit meiner besten Freundin vor der Tür unseres alten Hauses. Wir grinsen unter unseren platten Ponyfransen und Sommersprossen von einem Ohr zum anderen. Ich kann mich noch daran erinnern, wann das Bild aufgenommen wurde: Wir hatten gerade erst erfahren, dass die Schule ausfiel, haben sofort die kratzigen Schuluniformen ausgezogen und eilig die wärmsten Sachen geholt, die wir finden konnten. Meine Handschuhe passen nicht zusammen, ich trage eine uralte Bommelmütze und eine Latzhose. Meine Freundin hat einen dünnen Mantel und die Gummistiefel ihrer Schwester an und hält zwei alte Futtersäcke vom Hof ihres Vaters in der Hand. Wir sehen total durchgefroren aus und unfassbar glücklich. Über Nacht hatte es heftig geschneit, und wir wollten Tütenrutschen gehen.

Noch heute, gute 30 Jahre später, fühle ich mich ganz genauso, wenn ich frühmorgens die Welt in Schnee gehüllt vorfinde. Die Aussicht ist inzwischen eine andere, statt der Vororthäuser sehe ich offene Felder, aber die Wirkung ist die gleiche. Diese unerwartete weiße Decke hat unglaubliche Kraft – das Licht wirkt anders, alles ist friedlich gedämpft, und der Schnee kann vertrauten Dingen eine neue Form verleihen und etwas ganz Neues schaffen. Schnee verändert alles.

In unserer Kindheit war Schnee für uns der Inbegriff von Spaß. Er bedeutete Geschwindigkeit, Glückseligkeit und Lachanfälle. Der Schnee gab uns die Freiheit zu kämpfen, zu rutschen, absichtlich Unfälle zu bauen und ein heilloses Durcheinander zu veranstalten – und alles ohne Angst haben zu müssen, ausgeschimpft zu werden. Es war total egal, ob man einen teuren Holzschlitten hatte oder einen schwarzen Müllsack, Schnee war einfach demokratisch, und jeder hatte das Recht, an diesem Spaß teilzunehmen.

Für Erwachsene kann Schnee ein Geschenk mit Nebenwirkungen sein. Nach wie vor hat er die Macht, uns mit seiner faszinierenden Schönheit innehalten zu lassen, aber er kann auch Stau bedeuten und die Sorge, dass unser Tagesablauf komplett über den Haufen geworfen wird. Und wenn er es richtig ernst meint, kann der Schnee das Land zum Erliegen bringen und uns davon abhalten, allzu selbstgefällig zu werden. Ich mag das – hin und wieder brauchen wir einen kleinen Stoß in die Rippen, der uns wieder in unsere Schranken weist.

Der Bauernhof, den ich mit meiner Familie bewohne, liegt idyllisch am Grund eines kleinen Tales. Zu unserem Haus kommt man über einen schmalen, steilen Weg, etwa einen halben Kilometer lang. Wenn es schneit, wird aus diesem Weg eine riesige eisige Rutschbahn. Sie bringt alle landwirtschaftlichen Maschinen und Fahrzeuge, die diese Straße entlangfahren müssen, an ihre Grenzen. Vor etwa zehn Jahren hatten wir zwei besonders harte Winter nacheinander, beide Male waren wir wochenlang von der Außenwelt abgeschnitten. Da war der Schnee so tief, dass wir hoch auf den Hügel stapfen mussten, um vorbeifahrenden Bauern zu winken, damit sie uns in die Stadt mitnahmen. Wir haben unsere Lektion aber rasch gelernt und so viel Geld zusammengekratzt, dass wir einen gebrauchten Allradwagen kaufen konnten, der mit allem klarkommt, was uns der Winter in den Weg legt.

Für meinen Mann bedeutet Winter auch frühmorgendliches Schneeschippen mit schmerzendem Rücken, Fegen und Schneewegblasen, um unsere einzige Anbindung an die Zivilisation freizulegen. Trotzdem ist er der heiteren Seite des Schnees nicht abgeneigt. Als hervorragender Skifahrer ist der Schnee für ihn auch immer eine Möglichkeit, aus der alltäglichen Verantwortung auszubrechen und sich einem schwindelerregenden Spaß hinzugeben und den Berg hinunterzurasen. Für ihn wie für viele andere Menschen bedeuten Skifahren und anderer Wintersport vollkommenes Eintauchen in eine andere Welt. Nicht jeder Zeitvertreib bietet ein derartiges Zusammenspiel von persönlicher Freiheit, Selbstentfaltung, Adrenalin und fantastischen Ausblicken.

Auch der letzte Winter war schneereich. Während wir den Schneeflocken dabei zusahen, wie sie an unserem Fenster vorbeitrieben, ließ meine fünfjährige und jüngste Tochter einen Hagel von Fragen auf mich nieder, wie zum Beispiel »Wo kommt der Schnee eigentlich her?« und »Warum ist Schnee denn weiß?« Ich musste feststellen, dass ich es nicht wusste. Und damit begann die Recherche zu diesem Buch, das im Grunde ein Potpourri ist, eine bunte Sammlung von wissenswerten Fakten und Anekdoten über Schnee, die vielleicht nicht jeder kennt. Und ich wollte Antworten auf Fragen wie »Warum knirscht Schnee so?«, »Mit welchem Schnee kann man die besten Schneebälle machen?« und »Wo ist der kälteste Ort, an dem man wohnen kann?« Gleichzeitig wollte ich mich auch ein bisschen mit der Schneeforschung auseinandersetzen. Mich interessierte, ob in der Arktis eigentlich irgendetwas wächst oder wie Tiere mit Frost zurechtkommen. Und wir Menschen? Seit Hunderttausenden von Jahren bevölkern wir diesen Planeten – wie haben wir grausame Kälte überlebt?

Eines aber ist mir bei der Recherche und beim Schreiben dieses Buches klar geworden: Unsere Erde verändert sich. Zwar ist der Klimawandel in den polaren Regionen besonders deutlich zu sehen, spürbar sind die Auswirkungen jedoch überall auf der Welt. Manche dieser Veränderungen scheinen zunächst das Gegenteil zu beweisen: Wie kann es denn sein, dass ausgerechnet die Erd*erwärmung* dafür sorgt, dass es überall in den USA *mehr* schwere Schneestürme gibt und dass es gleichzeitig immer früher Frühling wird? Die Antworten sind vielschichtig, und ich kann nur kurz darauf eingehen, aber grundsätzlich ist es wichtig, sich mit diesen Fragen zu beschäftigen. Uns stehen viele Lösungen zur Verfügung, doch es braucht politischen Ehrgeiz und sozialen Druck, um diese Themen ernsthaft anzugehen.

Die Wahrheit ist nämlich, dass wir Schnee *brauchen*. Zunächst, weil er ein unverzichtbares Rädchen im Getriebe der Umwelt ist, ohne das wir, salopp gesagt, aufgeschmissen sind. Zweitens brauchen wir ihn auch, weil er ein wichtiger Bestandteil unseres Seins ist, unserer gemeinsamen Kultur und unseres menschlichen Erbes. Es mutet ein bisschen töricht an, sich darüber Gedanken zu machen, wie ein Weihnachtsfest ganz ohne Schnee aussehen würde, wenn man sich viel mehr Sorgen über den steigenden Meeresspiegel machen müsste, aber diese beiden Dinge hängen nun einmal zusammen. Erst wenn wir uns trauen, uns eine Welt ganz ohne Schnee vorzustellen, erkennen wir, was wir verlieren würden.

Aber wir wollen jetzt nicht Trübsal blasen, denn dieses Buch ist im Grunde ein Fest des Schnees – es geht um Wissenschaft und Forschung, Geschichte, das Verhältnis zwischen uns und dem Wetter, und es wird eine kurze Abhandlung darüber geben, inwieweit der Schnee mit einer Vielzahl unserer kulturellen Bezüge und Feste verbunden ist. Ach so, und natürlich ist dieses Buch auch eine Versicherung, die mich davor schützt, ratlos dazustehen, wenn meine schneeversessene Tochter mal wieder knifflige Fragen stellt …

An harten Boden ebenso gewöhnt wie an monatelange Schneefälle sind die Einwohner im Norden der gemäßigten Breiten weiser und tüchtiger als ihre Verwandten, die nichts als stets freundliche Tropen kennen.

Ralph Waldo Emerson,
»Prudence«

SCHNEE-
FORSCHUNG

Was ist Schnee?

In der Luft ist Wasser – und zwar überall. Man kann es nicht sehen, denn es schwebt als Wasserdampf herum, aber es ist da. Wird diese feuchte Luft von der Erde erwärmt, dann wird sie weiter nach oben in den Himmel getrieben. Und wenn es dort oben kalt ist, kondensiert dieser warme Wasserdampf zu Wolken aus winzigen Wassertröpfchen und fällt als Regen auf die Erde zurück.

Wenn die Luft im Himmel aber frostig kalt ist, null Grad oder darunter, passiert etwas anderes. Wolken bestehen fast nur aus Luft und Wasser, aber sie enthalten auch winzige Teilchen Staub, Pflanzenpollen oder andere kleine Partikel. Wenn dann ein solches Teilchen sehr kalt wird, setzt sich der Wasserdampf daran fest und gefriert zu einem winzigen Eiskristall. Sobald der Eiskristall wächst, wird er schwerer und fällt zurück auf die Erde – und zwar als Schnee.

Kann es zu kalt sein für Schnee?

Ja und nein. In der Atmosphäre muss Feuchtigkeit vorhanden sein, damit Schnee gebildet werden kann. Sehr kalte Luft von minus 20 Grad oder darunter ist normalerweise sehr trocken, wodurch Schneebildung unwahrscheinlich wird. In den antarktischen Trockentälern fällt beispielsweise wenig Schnee, obwohl es dort sehr kalt ist – zuweilen zeigt das Thermometer dort minus 68 Grad. Obwohl die Temperaturen in diesen Trockentälern niedrig genug für Schnee sind, führt die Kombination aus geringer Luftfeuchtigkeit und trockenen Winden dazu, dass sich einfach nicht genug Wasserdampf in der Luft befindet, damit es schneien kann.

Unter bestimmten Umständen kann auch sehr kalte Luft feucht sein, beispielsweise über dem Meer oder in der Nähe von Heizkraftwerken. Dann aber schweben die Eiskristalle normalerweise weiter in der Luft, was man als Eisnebel bezeichnet.

Schneeflocken

Um die Schönheit einer Schneeflocke
erfassen zu können,
muss man die Kälte in Kauf nehmen.

Aristoteles

Wenn wir einer winzigen Schneeflocke durch ein Mikroskop bei ihrer Entstehung zusehen könnten, würden wir Folgendes sehen:

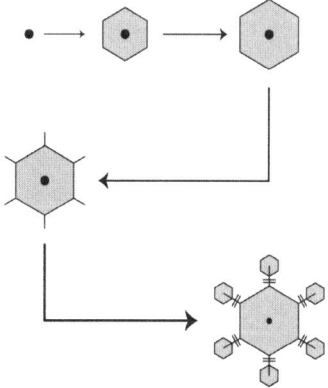

Zunächst ist da ein Staubkörnchen, das durch die Atmosphäre schwebt. Der Wasserdampf in der Luft beginnt, an dem Körnchen haften zu bleiben, und formt so ein Wassertröpfchen. Das Tröpfchen gefriert zu einer winzigen Eiskugel. Weil so immer mehr Wasserdampf an diesem Eiskügelchen haften bleibt, wächst es zu einem sechseckigen Eiskristall an. Wenn der Kristall weiterwächst, verästeln sich die sechs Ecken zu einem Stern. Während die Schneeflocke zur Erde hinabtrudelt, wachsen die Verästelungen weiter und bringen immer kleinere Zweige hervor, bis schließlich ein komplett ausgeformter Schneekristall entstanden ist.

Können zwei Schneeflocken genau gleich aussehen?

Schneeflocken entwickeln ihre einzigartige Form beim Herabfallen aus dem Himmel. Jede Änderung der Luftfeuchtigkeit oder Temperatur hat Auswirkungen auf ihre Form: Je feuchter und wärmer die Luft ist, desto komplexer und schöner wird die Struktur. Während die Schneeflocke zu Boden trudelt, wird sie durch unterschiedliche atmosphärische Bedingungen gewirbelt. Diese Veränderungen der Temperatur und Luftfeuchtigkeit führen dazu, dass die Schneeflocke in unterschiedliche Richtungen wächst. In einem Moment breitet sie ihre sechs langen Arme aus, und im nächsten bildet sie Seitenarme oder füllt die Lücken. Obschon Schneeflocken grundsätzlich sechseckig sind*, findet man sie in beinahe unendlich vielen Variationen, denn es gibt keine zwei Schneeflocken, die in exakt derselben Weise auf die Erde fallen und sich in exakt derselben Weise entwickeln. Schneeflocken können ihre Form auch verändern, wenn sie aufeinanderprallen, sich verklumpen und gemeinsam größere Schneeflocken bilden.

Wissenschaftler schätzen, dass jedes Jahr rund 24 Quadrillionen (24 000 000 000 000 000 000 000 000) Schneeflocken auf die Erde fallen und dass die Zahl der mög-

---

* Man findet auch Schneeflocken mit zwölf Enden. Diese nennt man Kristallzwillinge, und sie entstehen, wenn zwei Schneekristalle aufeinanderliegend um dasselbe Teilchen wachsen.

lichen Formen sogar noch größer ist als die Anzahl der Atome im uns bekannten Universum. Will sagen: Es ist höchst unwahrscheinlich, dass man zwei Schneeflocken findet, die absolut identisch sind. Bei sehr kalter Luft kommt es vor, dass Schneeflocken einfach nur als Sechsecke, Plättchen genannt, bestehen bleiben, die sich, unter dem Mikroskop betrachtet, durchaus sehr ähneln. Molekularwissenschaftlich betrachtet sind aber auch diese kleinen Schneekristalle Unikate.

Eisregen und Hagel

Eisregen beginnt als Regen, der jedoch zu Eiskörnern gefriert, wenn er durch eine sehr kalte Luftschicht zwischen Wolken und Boden fällt. Hagelkörner entstehen dagegen in warmen Gewittern. Dabei werden Regentropfen, die sich an der Unterseite einer Wolke gebildet haben, an die Wolkenoberseite getrieben, wo es sehr viel kälter ist. Die Regentropfen gefrieren und fallen zurück unter die Wolke, wo sie erneut von einem Aufwind nach oben transportiert werden und wieder gefrieren. Erst wenn das Hagelkorn schwer genug ist oder der Aufwind nachlässt, fällt es auf die Erde. Schneidet man ein Hagelkorn auf, so erkennt man wie bei einem Baumstamm Ringe, an denen man ablesen kann, wie oft es innerhalb der Wolke nach oben getrieben wurde.

Schon gewusst?

Das größte Hagelkorn, das jemals vermessen wurde, fiel im Sommer 2010 in der Stadt Vivian in South Dakota auf die Erde. Das Hagelkorn hatte einen Durchmesser von knapp 20,5 Zentimetern und wog fast ein Kilo. In Deutschland hat der Hagelsturm von Reutlingen im Juli 2013 Geschichte geschrieben, als ein 14 Zentimeter großes Hagelkorn zu Boden fiel. Das größte Hagelkorn, das jemals in Großbritannien dokumentiert wurde, landete 1958 in Horsham, Sussex, hatte einen Durchmesser von 6,35 Zentimetern und wog 190 Gramm. Das britische Hagelkorn wog also nur wenig mehr als ein Kricketball oder ein Feldhockeyball, während das amerikanische Rekordexemplar so schwer war wie ein vom Himmel fallendes Tetra Pak Milch.

Megacryometeore

Der größte Eisklumpen, der jemals zu Boden gefallen ist, war jedoch kein Hagelkorn, oder zumindest keines der üblichen Art. Im Jahr 1849 berichtete die schottische Zeitung *Ross-shire Advertiser* über folgendes Ereignis:

> *»Auf der Farm Balvullich (...) ereignete sich am Montag vergangener Woche etwas Sonderbares. Unmittelbar nach einem der lautesten Donnerschläge, die man dort jemals vernommen hat, ging neben dem Bauernhaus ein großer unregelmäßig geformter Eisklumpen mit einem Umfang von etwa sechs Meter nieder. Er war schön anzusehen, von kristallartiger Gestalt und beinahe durchsichtig, ausgenommen eines kleinen Teils, der aus miteinander verklumpten Hagelkörnern ungewöhnlicher Größe bestand.«*

Man streitet in der Wissenschaft darüber, was dieser Eisklumpen und die zahlreichen anderen, die in der Zwischenzeit weltweit gefunden wurden, tatsächlich sind. Die Untersuchungen dessen, was als »Megacryometeor« bekannt wurde, legen nahe, dass diese riesigen Eisklumpen weder im All noch durch Flugzeuge, die Wasser verloren haben, entstanden sind. Die Zusammensetzung der Rieseneisklumpen ähnelt vielmehr der von Hagel, was für die Theorie spricht, dass sie durch besondere atmosphärische Bedingungen hervorgerufen werden, die zumindest zum Teil auf die Klimaerwärmung zurückzuführen sind. Genauso entstehen wahrscheinlich auch Megacryometeore, wenn ein Eiskristall wiederholt durch feuchte Luft gedrückt wird und immer wieder aufs Neue gefriert, sodass er dabei mit mehreren Eisschichten überzogen wird. Die Klimaveränderung hat dafür gesorgt, dass sich sowohl die Luftturbulenzen wie auch der Wasserdampfgehalt in der Erdatmosphäre erhöht haben. Wenn sich der Witterungsverlauf in dieser Weise weiterentwickelt, werden Megacryometeore in Zukunft häufiger vorkommen.

Schneearten

»Hört, hört!«, rief der Eichelhäher aus
dem nahen Baum, von wo ich ihn schon
eine ganze Weile lang keckern gehört hatte.
»Der Winter besitzt einen geballten,
nussigen Kern, man muss nur wissen,
wo man suchen soll.«

Henry David Thoreau

Nassschnee

Wenn Schnee durch feuchte Luft fällt, deren Temperatur wenig über dem Gefrierpunkt, aber unter zwei Grad liegt, haften die Schneekristalle aneinander und bilden größere lockere Flocken. Das nennt man Nassschnee, und weil er pappig ist, eignet er sich optimal für Schneeballschlachten und zum Schneemannbauen (siehe Kapitel »Spaß im Schnee« auf Seite 125). Nassschnee kann aber auch Probleme bereiten, weil er schwerer ist als Pulverschnee. Man kann ihn nicht so einfach wegschaufeln, und seine Last liegt schwer auf Überlandleitungen und Ästen.

Pulverschnee

Wenn der Schnee durch kalte, trockene Luft fällt, null Grad oder darunter, bleiben die Kristalle klein und pulvrig. Dieser sogenannte Pulverschnee eignet sich optimal für Wintersport wie Skifahren und Rodeln. Pulverschnee kann man übrigens auch besser wegräumen als Nassschnee. Weil er so leicht ist, wird er allerdings schneller vom Wind aufgeweht und kann Schneeverwehungen bilden.

Wie viel Wasser ist im Schnee?

Eine Bauernregel besagt, dass zehn Zentimeter Schnee genauso viel Wasser enthält wie ein Zentimeter Regen. Aber stimmt das? Meteorologen beziehen sich auf das Wasseräquivalent, also wie viel Wasser aus einer bestimmten Menge Schnee entsteht. Ein Wasseräquivalent von beispielsweise 1:10 bedeutet, dass man einen Zentimeter Wasser erhält, wenn man zehn Zentimeter Schnee schmilzt. Bei trockenem Pulverschnee ist das Wasseräquivalent normalerweise bei etwa 1:15 bis 1:20, während es bei Nassschnee etwa 1:5 ist. Das durchschnittliche Verhältnis ist also 1:10, was bedeutet, dass die alte Faustregel gar nicht so falsch ist.

Schneefall

Jedes Jahr fällt etwa eine Billiarde Kilo Schnee und sorgt zusammen mit anderen Witterungsumständen wie Windgeschwindigkeit oder Temperatur für eine ganze Reihe von Wetterphänomenen. Die Meteorologen teilen diese in mehrere Gruppen auf, die jeweils unterschiedliche Eigenschaften aufweisen:

BLIZZARD ODER SCHNEESTURM

Beide Begriffe werden oft benutzt, Meteorologen verwenden sie aber offiziell nur dann, wenn drei Bedingungen erfüllt sind: Erstens, ein echter Sturm muss eine große Menge Schnee transportieren oder ein Schneetreiben eine Geschwindigkeit von mindestens 56 Kilometern pro Stunde aufweisen, zweitens darf die Sichtweite maximal 400 Meter betragen, und drittens muss der Sturm mindestens drei Stunden andauern. Ursprünglich bedeutete das Wort Blizzard so viel wie »gewaltiger Schlag« oder »Gewehrsalve«. Es wurde zum ersten Mal um 1860 in den USA zur Beschreibung eines Wetterphänomens verwendet, als deutsche Siedler heftige Winterstürme als »blitzartig« beschrieben.

SCHNEESCHAUER

Schneeschauer können unterschiedliche Ausprägungen haben; es handelt sich um einen offenen Begriff, der Raum für Interpretationen lässt. Es gibt sehr kurze Schauer mit mäßigem Schneefall, bei dem etwas Schnee liegen bleibt. Dann gibt es Schneeschauer mit Unterbrechungen, bei denen nur sehr wenig Schnee fällt, der aber auch nicht lange liegen bleibt. Und es gibt intensive, kurzlebige Schneeschauer, die, begleitet von starkem Wind, in kurzer Zeit mäßig bis viel Schnee mit sich bringen, der sich meist am Boden anhäuft.

LAKE-EFFECT-SCHNEE

Diese Art von Schneeschauer tritt auf, wenn kalte, trockene Winde über große warme Seen wehen und Wasserdampf aufnehmen, der dann gefriert und als Schnee zu Boden fällt, sobald der Wind das Ufer erreicht. Lake-Effect-Schneeschauer sind oftmals heftig und können innerhalb weniger Stunden riesige Schneemengen verursachen. Einer der bekanntesten Stürme erreichte den Bundesstaat New York 2006, als ungewöhnlich kalte Luftmassen über die Großen Seen zogen. Im Ort Cowlesville bei Buffalo fiel innerhalb einer Woche 2,3 Meter Schnee. In Küstengebieten ist das Phänomen auch als Ocean-Effect-Schnee bekannt.

Der Kreis Ostholstein war davon beispielsweise im November 2010 betroffen, als polare Ostwinde über der wärmeren Lübecker Bucht kurzfristig für Schneehöhen von bis zu 76 Zentimeter und Schneeverwehungen sorgten.

GRAUPEL

Auf dem Weg, den eine Schneeflocke aus der Wolke zurücklegt, passiert sie eine Reihe unterschiedlicher atmosphärischer Witterungsbedingungen, von feuchtwarmer Luft bis zu frostkalten Luftschichten. Graupel sind winzige Eiskügelchen, die entstehen, wenn extrem kalte Wassertropfen an einer hinabfallenden Schneeflocke festfrieren. Schneeflocken, die von einer solchen Eisschicht überzogen sind, bezeichnet man auch als **REIF-GRAUPEL**, der oftmals so dick ist, dass man die darunterliegende Schneeflockenform nicht mehr erkennen kann. Im Gegensatz zum Hagel, der in warmen Gewittern entsteht, tritt Graupel im Winter auf. Und so hart ein Hagelkorn ist, so weich ist der Graupel. Die rauen Kügelchen lassen sich mit den Fingern zusammendrücken. Übrigens wird der deutsche Begriff »Graupel« auch im Englischen verwendet, denn die Umschreibungen »snow pellets« (Schneekügelchen) und »soft hail« (weicher Hagel) sind doch ziemlich umständlich.

Schneedecken

Sobald der Schnee am Boden angekommen ist, können genau zwei Dinge passieren: Entweder er löst sich auf oder er bleibt liegen. Befassen wir uns zuerst mit dem zweiten Szenario.

Unter sehr kalten Klimabedingungen kann Schnee etliche Jahre liegen bleiben; man nennt ihn dann **ALTSCHNEE**. Je länger er liegen bleibt, desto dichter wird er komprimiert, bis er schließlich zu Gletschereis wird.

Abhängig davon, wie alt der Schnee ist, hat er unterschiedliche Namen. Frischer Schnee, der nach dem Fallen teilweise getaut und wieder gefroren ist, bezeichnet man als **HARSCH**. Wenn derselbe Schnee ein Jahr lang überlebt, wird er zu **FIRN**, ein kompaktes, körniges Zwischending aus Schnee und Eis. Neue Schneefälle verdichten diese Firnschicht, die durch das Gewicht immer weiter komprimiert wird, sodass alle Luft entweicht und irgendwann dichter **GLETSCHER** entsteht.

Schnee kann aber auch ein kurzes Vergnügen sein, wenn er nur eine Saison bleibt. Sehr frischer, kürzlich gefallener Schnee, bei dem man noch die Struktur der Schneekristalle erkennen kann, heißt **NEUSCHNEE**. Neuschnee mit leichter, lockerer Beschaffenheit und geringem Wassergehalt nennt man **PULVERSCHNEE**.

Wenn die Oberfläche dieses Pulverschnees nun aber zu tauen beginnt und dann wieder gefriert, was bei Sonnenschein, Regen oder Wind vorkommen kann, verharscht der Schnee. Diese dünne Harschschicht ist entweder brüchig oder nicht, entweder sie trägt das Gewicht eines Skifahrers oder eben nicht. Beim **BRUCH-HARSCH** durchstößt der Skifahrer die Harschschicht und fährt durch sie hindurch.

Im Skisport gibt es in der Tat eine Menge wunderschöner Wörter, um die schier unendlich vielfältigen Schneebedingungen zu beschreiben. Zu nennen sind der begehrte Champagner-Powder, leichter, pudriger Schnee mit geringem Feuchtigkeitsgehalt, der hauptsächlich in den Rocky Mountains vorkommt, oder Sulzschnee beziehungsweise Schneematsch, schwerer, matschiger Frühjahrsschnee. Dann wären da noch der frisch von einem Pistengerät präparierte Schnürlsamt-Schnee mit seinem charakteristischen Cordmuster und der sehr spezielle Snorkel-Powder, bei dem der Pulverschnee so leicht und fein ist, dass er beim Durchfahren hoch aufstiebt und sogar das Atmen erschwert, weswegen der eine oder andere einen Schnorchel zum Freeriden mitnimmt.

Frost und Raureif

Der kalte Raureif glitzerte auf den Grabsteinen und funkelte zwischen den Steinreliefs der alten Kirche wie eine Reihe Edelsteine.

Charles Dickens, »Die Pickwickier«

Frost kann zuweilen derart grimmig sein, dass er aussieht wie Schnee. Man nennt ihn dann Raureif. Normaler Frost, also Bodenfrost, entsteht, wenn der Wasserdampf in der Luft auf festen Oberflächen kondensiert und anfriert und die Temperatur unter null Grad fällt. Raureif entsteht, wenn Wasserdampf auf eine Oberfläche trifft, die bereits unter null Grad kalt ist. Dann bilden sich sofort fedrige, nadelförmige Eiskristalle, die vor allem gegen den Wind weiterwachsen, indem sie mehr Wasser aus der Luft »ziehen«. Raureif sieht fedrig aus, beinahe wie pelzig, was der englische Begriff »hoar frost« aufnimmt, denn »hoar« ist ein Altenglisches Wort für »ergraut«.

Sublimation

Jeder weiß, wie es aussieht, wenn Schnee schmilzt – aber kann er auch direkt von einem festen in einen gasförmigen Zustand wechseln? Er kann. Und dieser Prozess, Sublimation genannt, ähnelt der Verdunstung. Unter bestimmten Wetterbedingungen (niedrige Temperaturen, starke Winde und intensive Sonneneinstrahlung) verdunstet der Schnee vom Boden direkt in die Luft, noch bevor er sich in Schneematsch verwandeln kann.

Schneeformationen

Schnee ist ein dynamisches Gebilde, das sich permanent verändert. Er unterliegt Witterungsbedingungen, die nicht nur seine Zusammensetzung beeinflussen, sondern auch seine äußere Form verändern können – und das mit teils überraschenden Ergebnissen:

SCHNEEWALZEN

Bei diesem seltenen Phänomen entstehen dicke Walzen aus Schnee, die aussehen wie zusammengerollte Isomatten. So wie ein kleiner Schneeball größer wird, wenn man ihn durch losen Schnee rollt (siehe »Einen Schneeball formen« auf Seite 134), kann auch ein Schneeklumpen über den Boden geweht werden und auf seinem Weg immer mehr Schnee aufnehmen. Schneewalzen können einen Durchmesser von bis zu einem Meter erreichen, ihr Inneres aber bleibt meist hohl, was häufig dazu führt, dass ihr Kern irgendwann in sich zusammenfällt.

SCHNEEWECHTE

Eine Schneewechte beschreibt einen Überhang aus Schnee, der entsteht, wenn Schnee vom Wind vorangetrieben wird und sich auf der steileren, windabgewandten Leeseite eines Berggipfels oder Grates sammelt. So kann sich eine riesige Welle aus Schnee bilden, die weit über den festen Untergrund hinaus in die Luft ragt. Schneewechten sind zwar von unten oder von der Seite wunderschön anzusehen, von oben aber sind sie kaum zu erkennen. Das macht sie zu gefährlichen Fallen für Bergsteiger und Wanderer, die sich versehentlich auf eine solche Wechte wagen.

SCHNEEBRÜCKEN

Wenn eine Wechte so groß wird, dass sie die Lücke zwischen zwei Graten überbrückt oder einen Bogen über eine Gletscherspalte spannt, spricht man von einer Schneebrücke. Diese tödlichen Gebilde können wie feste Flächen wirken und Bergsteiger verleiten, sie zu betreten. Dort, wo sie am Grat ansetzen, erscheinen sie zunächst noch dick und beständig. Doch wenn die Bergsteiger bemerken, dass sie nur auf einer dünnen Schneeschicht über sehr viel frischer Luft stehen, ist es leider oft schon zu spät.

ZACKENFIRN ODER BÜSSEREIS

Zackenfirn sieht aus wie ein Feld voller Kirchturmspitzen oder auf Knien betender Büßer in der Kirche. Tatsächlich handelt es sich um Pyramiden aus kompaktem Altschnee oder Gletschereis, am Fuß breiter als an der Spitze und bis zu sechs Meter hoch. Zackenfirn entsteht durch lang anhaltende Sonneneinstrahlung bei trockener, kalter Luft. Charles Darwin war der Erste, der dieses Phänomen 1835 beschrieb, als er eine grausige Entdeckung machte: ein Pferd, das auf dem Zackenfirn aufgespießt war und »*dessen Hinterläufe hoch in die Luft ragten. Das Tier muss kopfüber in ein Loch gefallen und so gestorben sein.*« (*Die Fahrt der Beagle*, Tagebucheintrag vom 22. März 1835)

SICHELDÜNEN

Schnee kann genauso leicht vom Wind aufgewirbelt, davongetragen und wieder abgesetzt werden wie Sand, wodurch kleine wellenförmige Rillen entstehen: Schneedünen und Sicheldünen. Letztere sind hufeisenförmige Schneedünen, bei denen die »Hörner« in Windrichtung stehen. Sobald der Wind sich gelegt hat und die Sicheldüne erneut gefroren und gefestigt ist, können scharfe Windböen die Form zerstören und daraus schartige Rillen fräsen, die man auch **SASTRUGI** oder **WINDGANGELN** nennt.

Gletscher

In der Eiszeit war ungefähr ein Drittel der Erdoberfläche mit Gletschern bedeckt. Heute hat sich die Fläche auf etwa ein Zehntel reduziert, doch sie ist immer noch riesig. Beinahe das gesamte Gletschereis befindet sich an nur zwei Orten: in Grönland und in der Antarktis. Diese riesigen Gletscher oder Eismassen beherbergen drei Viertel des Süßwassers unserer Erde. Etwa 15 Millionen Quadratkilometer der Erdoberfläche sind von Gletschern bedeckt. Wenn dieses Eis über Nacht schmelzen würde, stiege der Meeresspiegel damit um knapp 70 Meter, genug um halb England einschließlich London zu verschlucken. Dazu fast ganz Dänemark, Holland und Belgien. Und in Deutschland stünden sämtliche Nord- und Ostseeinseln sowie große Teile von Schleswig-Holstein, Niedersachsen und Mecklenburg-Vorpommern unter Wasser.

Aufgrund ihres Gewichtes wandern die Gletscher wie langsam fließende Bäche. Dabei furchen sie Risse ins Gestein und schleifen riesige Felsbrocken mit. Manche bewegen sich kaum, andere rasen gleichsam mit einer Geschwindigkeit von bis zu 30 Meter am Tag. Hin und wieder kommt es zu sogenannten Aufwallungen bei den Gletschern, also Phasen mit viel Bewegung, die durch Schmelzwasser hervorgerufen werden, das wie ein Gleitmittel wirkt und den Gletscher aus seiner Position löst. Der Kutiah-Lungma-Gletscher in Pakistan ist derzeit Weltrekordhalter als schnellster Gletscher, denn im Jahr 1953 legte er in nur drei Monaten zwölf Kilometer zurück.

Damit sich aber überhaupt ein Gletscher bildet, muss es so kalt sein, dass der Schnee das ganze Jahr über liegen bleibt. Jedes Jahr kommt neuer Schnee hinzu, der auf den Altschnee drückt, die Schichten komprimiert und so schließlich Gletschereis entstehen lässt. (Manche Gletscher sind unglaublich alt, man geht davon aus, dass das Eis der Antarktis seit mindestens 40 Millionen Jahren existiert.) Mit dem Schnee, der jedes Jahr auf die Gletscher fällt, werden auch Dinge eingeschlossen, die sich zu diesem Zeitpunkt in der Atmosphäre befinden, Staub zum Beispiel, Asche oder von Menschen verursachte Schadstoffe. Anhand von Proben aus dem Gletschereis können die Forscher Rückschlüsse auf Klimaveränderungen und Umweltbedingungen ziehen.

Eisbohrkerne

Eisbohrkerne sind zylindrische Proben, die Gletschern entnommen werden und uns wichtige Hinweise darauf geben, wie sich die Umwelt über Tausende von Jahren hinweg verändert hat, speziell im Hinblick auf Temperaturschwankungen und den Treibhauseffekt.

Diese Proben stammen hauptsächlich aus den beiden großen Eismassen über der Antarktis und Grönland und geben Aufschluss über einen unfassbar großen Zeitraum. Der älteste entnommene Eisbohrkern stammt aus dem Polarplateau der Antarktis und enthält Informationen über die vergangenen 800 000 Jahre. Wissenschaftler untersuchen die Verhältnisse verschiedener Wasserisotopen und können daraus schließen, dass die Welt eine Folge langer, kalter Eiszeiten erlebt hat, die immer mal wieder, etwa alle 100 000 Jahre, von einer wärmeren Periode unterbrochen wurden. Die Eisbohrkerne haben uns gelehrt, dass die letzte Eiszeit vor etwa 11 000 Jahren zu Ende ging und wir derzeit in einer milderen, zwischeneiszeitlichen Periode leben.

Die Proben aus dem Eis verraten uns aber auch, welchen Schaden wir unserem Planeten zufügen. Im Eis sind kleine Luftbläschen eingeschlossen, aus denen man wie auf Schnappschüssen die Gesundheit der Atmosphäre zu unterschiedlichen Zeiten in der Geschichte lesen kann. Die Ergebnisse zeigen, dass die Konzentrationen zweier Treibhausgase, Kohlendioxid und Methan, seit der Industriellen Revolution in die Höhe geschossen sind und dass der Anstieg im Vergleich zu den vorangegangenen 800 Jahrtausenden beispiellos ist. Wir wissen nun auch, dass die Erdtemperatur sich im Laufe des 20. Jahrhunderts um etwa ein Grad Celsius erhöht hat. Das klingt jetzt nach ziemlich wenig, aber kleine Schwankungen können große ökologische Veränderungen nach sich ziehen. Am Ende der letzten Eiszeit, als der Großteil von Amerika und Europa unter einer dicken Eisdecke lag, war die Durchschnittstemperatur nur etwa fünf Grad Celsius niedriger als heute (siehe auch »Schnee und Klimawandel« auf Seite 64).

Eiszapfen

Damit sich Eiszapfen überhaupt bilden können, braucht es drei Dinge: Erstens eine Quelle mit gefrorenem Wasser (zum Beispiel ein schneebedecktes Dach oder eine Regenrinne voller Eis), zweitens kräftige Sonneneinstrahlung, damit das gefrorene Wasser schmilzt und zu tröpfeln beginnt, und drittens eine Lufttemperatur unter null Grad, damit das tröpfelnde Wasser erneut gefrieren kann.

Der erste Wassertropfen, der wieder gefriert, legt quasi den Grundstein für den Eiszapfen. Wenn weitere Wassertropfen an den Seiten des neuen Eiszapfens entlangfließen, gefrieren auch diese, wodurch der Eiszapfen wächst. Das aber erklärt noch nicht, warum Eiszapfen karottenförmig sind und sich am unteren Ende zu einer Spitze verjüngen. Wenn das Wasser nämlich gleichmäßig gefrieren würde, dann würde der Eiszapfen kugelförmig und mit jeder neuen Schicht gefrierenden Wassers dicker werden.

Tatsächlich passiert aber etwas Ungewöhnliches. Der Eiszapfen ist oben an seinem Ansatzpunkt wärmer als unten an der Spitze. Wenn das Wasser am Eiszapfen anfriert, gibt es an seine unmittelbare Umgebung Wärme ab. Diese minimal warme Luft steigt auf, wodurch es eben oben am Eiszapfen wärmer wird als an der Spitze. Wenn immer mehr Wasser über den Eiszapfen läuft und ihn mit einer dünnen Wasserschicht überzieht, gefriert ein Teil des Wassers an den Seiten, doch das meiste gefriert an der Spitze. Deshalb wachsen Eiszapfen schneller in die Länge als in die Breite.

Schon gewusst?

Am alten Kirchturm von St Michael and all Angels in Brampton, in der englischen Grafschaft Devon, kann man ein besonders ungewöhnliches Grabgedicht bewundern. Eine Gedenktafel aus dem 18. Jahrhundert erzählt die unglückliche Geschichte eines Jungen, der von einem Eiszapfen erschlagen wurde:

>*»IN MEMORY OF THE CLERK'S SON*
>*Bless my i.i.i.i.i.i. [eyes]*
>*Here he lies*
>*In a sad Pickle*
>*Kill'd by Icicle*
>*IN THE YEAR 1776«*

Übersetzt etwa:
»ZUM GEDENKEN AN DEN SOHN DES KÜSTERS
Herr, welch ein Anblick!
Hier liegt er
In misslicher Lage
Vom Eiszapfen erschlagen
IM JAHRE 1776«

Forscher haben kürzlich auch herausgefunden, warum Eiszapfen üblicherweise Rillen haben. Diese gehen auf Verunreinigungen des Wassers, wie etwa Salze, zurück. Als die Wissenschaftler im Labor Eiszapfen mit destilliertem Wasser züchteten, wuchsen diese vollkommen glatt. Man fand außerdem heraus, dass – entgegen aller Erwartung – die Eiszapfen in einer windstillen Umgebung seltsam gabelförmig wuchsen. Wenn aber die Luft ständig in Bewegung war, wurden die Eiszapfen perfekt karottenförmig. Warum das so ist, weiß man übrigens immer noch nicht genau.

Die Farben des Schnees

Beginnen wir damit, wie wir Farben eigentlich wahrnehmen. Licht wird in Wellen transportiert und besteht aus einer ganzen Palette von Farben. Wenn nun Licht auf einen Gegenstand trifft, werden einige dieser Farbwellen reflektiert und andere von dem Gegenstand absorbiert. Ein roter Apfel ist beispielsweise deshalb rot, weil er das rote Licht zurückwirft, alle anderen Farben jedoch absorbiert.

Wenn Licht auf Schnee fällt, werden *alle* Farben in gleichem Maße zurückgeworfen, sodass wir ausschließlich Weiß sehen. Das kommt daher, dass die lockeren, frisch gefallenen Schneeflocken eine Menge winziger

Luftblasen enthalten sowie Kristallkanten, die das Licht brechen und reflektieren.

Aber haben wir nicht alle schon mal gedacht, dass Schnee bläulich aussieht, vor allem dann, wenn er zu Eis verdichtet wird? Wenn Schnee zu Eis zusammengepresst wird, verbinden sich die kleinen Eiskristalle zu größeren und ein Großteil der Luft wird herausgedrückt. Auf diese Weise kann das Licht in das Eis eindringen, wo ein Teil der Farben absorbiert wird. Sowohl Wasser wie auch Eis absorbieren rote und gelbe Wellen, reflektieren jedoch blaue und grüne. So erhalten Eisberge ihre charakteristische Farbe.

Blutschnee

Roten Schnee, auch Blutschnee genannt, findet man sowohl in polaren wie auch in alpinen Regionen. Ursprünglich dachte man, die Ursache seien Mineralvorkommen, in jüngerer Zeit haben Wissenschaftler jedoch herausgefunden, dass kälteresistente Schneealgen mit dem Namen *chlamydomonas nivalis* dahinterstecken. Diese Algen enthalten kräftige rote Pigmente, die dazu dienen, Wärme aufzunehmen und den Schnee zu schmelzen, um die Alge mit Wasser zu versorgen.

Geräusche im Schnee

's ist Winter, doch kein Laut
Geht durch die Lüfte,
Von Winden, die im Kampf verstrickt,
Doch dort fällt leise
Der Schnee, allüberall,
Wie schön, wie schön!

Reverend Ralph Hoyt, »Schnee«

Wie leise alles wird, wenn es anfängt zu schneien! Zwar stimmt es, dass die meisten Tiere und Menschen drinnen bleiben oder Unterschlupf suchen, wenn es kalt ist, und deshalb generell weniger Krach gemacht wird, aber es gibt auch eine wissenschaftliche Erklärung für diesen Schalldämpfereffekt.

Tatsächlich kann Schnee Geräusche ziemlich gut absorbieren. Harte, glatte Oberflächen wie Glas und Metall reflektieren Geräusche und werfen sie zurück, man denke zum Beispiel an die Akustik in großen Gebäuden. Porenreiche Materialien dagegen wie Schwämme oder Schaumgummi absorbieren Schallwellen und dämpfen deren Wirkung. Eine dicke Schicht Neuschnee ist da genauso wie ein Schwamm – viele luftgefüllte Hohlräume nehmen Schallwellen auf und dämpfen sie.

Ein paar Zentimeter Schnee haben in der Tat dieselbe Wirkung wie handelsübliche Schallisolierungen, die mit einer Skala von 0 bis 1 erhältlich sind (0 heißt, dass gar kein Geräusch absorbiert wird und 1, dass alle Geräusche absorbiert werden. Je höher die Ziffer, desto besser nimmt das Material Geräusche auf). Schnee liegt bei ungefähr 0,6, was bedeutet, dass er 60 Prozent der Schallwellen, die auf ihn treffen, absorbieren kann. Zum Vergleich: Ein Teppich schafft gerade einmal zehn Prozent.

Warum knirscht Schnee, wenn man darauf läuft?

Wenn wir auf Schnee treten, drücken unsere Füße die Eiskristalle zusammen. Berühren sich die Eiskristalle, können Reibungskräfte entstehen, die wiederum Knirsch- oder Quietschgeräusche verursachen. Je kälter der Schnee ist, desto größer ist die Reibung zwischen den Eiskristallen. Bei höheren Temperaturen gleiten die Eiskristalle aneinander entlang, was kaum oder gar keine Geräusche erzeugt. Die Temperatur, bei der Schnee zu knirschen beginnt, scheint bei etwa minus zehn Grad zu liegen, sobald es wärmer ist, bleibt es leise.

Kunstschnee

Viele unvergessene Filme und Fernsehsendungen sind vor einer Schnee- und Eiskulisse gedreht worden. Bei zahlreichen Produktionen von *Doktor Schiwago* bis *Ist das Leben nicht schön?* hat sich das Special-Effects-Team geniale Dinge einfallen lassen, um das nicht gerade schneereiche, oftmals brütend heiße Hollywood in eine spektakuläre Winterlandschaft zu verwandeln. In der Frühzeit des Kinos mutete man den Schauspielern wie dem Team hinter der Kamera einiges zu. So wurde in den 30er- und 40er-Jahren beispielsweise weißer Asbest unter den Namen *White Magic* oder *Snow Drift* (Schneeverwehung) verkauft und am Set von *Der Zauberer von Oz* reichlich verwendet. In anderen Filmen griff man zu Seifenraspeln, weiß gefärbten Cornflakes, Styropor, Harnstoffharz, Marmorstaub und – bei *Superman* – tonnenweise Salz, um es schneien zu lassen.

Es erscheint völlig absurd, dass man giftigste Hilfsmittel brauchte, um das reinste, schönste Naturereignis nachzubilden. Zum Glück verwendet man heutzutage in Filmen Kunstschnee aus Recyclingpapier, der vielseitig einsetzbar ist. Er kann sowohl auf das Set aufgesprüht als auch zu Schneebällen geformt werden, sogar Fußabdrücke und Reifenspuren kann man darin hinterlassen.

Mit Papierschnee kommt man allerdings nicht sehr weit, wenn man einen ganzen Berg beschneien muss. In Skiorten ist man inzwischen vermehrt der Meinung, dass der natürliche Schneefall nicht mehr ausreicht, und auch die Europäische Umweltbehörde schätzt, dass sich die durchschnittliche Dauer der Schneesaison seit den 70er-Jahren alle zehn Jahre um fünf Tage verkürzt hat. Viele Wintersportgebiete, insbesondere die in niedrigeren Höhenlagen, sehen sich daher gezwungen, Schneekanonen einzusetzen, die Wasser und Luft mit hohem Druck durch Röhren pressen, sodass unmittelbar Schnee erzeugt wird.

Ökologisch gesehen ist das problematisch, denn der technisch erzeugte Schnee ist nicht nur im Hinblick auf Strom- und Wasserverbrauch kostspielig (man benötigt mehr als 380 Liter Wasser für einen Kubikmeter Kunstschnee), sondern das verwendete Wasser aus den Speicherseen am Berg enthält auch mehr Nähr- und Mineralstoffe als natürlicher Schnee. Wenn dieser übermäßig nährstoffreiche Kunstschnee schmilzt, hat dies Auswirkungen auf das ökologische Gleichgewicht der Bergflora und den Grundwasserspiegel. Zudem schmilzt er später als Naturschnee, wodurch sich der natürliche Wasserzufluss ins Tal verzögert.

Zum Trotz des Winters Beben, und
des Fröstelns in den Gliedern;
Stolz heben sie die Stirn
zum Gruß der Frühlingssonne.

Frances Ellen Watkins Harper, »Die Krokusse«

SCHNEE UND
ÖKOSYSTEM

Wo schneit es?

Irgendwo auf der Welt schneit es immer gerade. In den Polargebieten herrschen das ganze Jahr über Temperaturen unter null, aber es gibt natürlich auch eine ganze Reihe von Gegenden, die – wie die Anden oder die Rocky Mountains oder einige Alpengipfel – so hoch gelegen sind, dass es dort an 365 Tagen im Jahr schneien kann.

Grundsätzlich kann man sagen, dass es »im Norden« mehr schneit als »im Süden«, was damit zusammenhängt, dass sich fast 70 Prozent der Landmasse unserer Erde in der nördlichen Hemisphäre befindet und davon wiederum ein Großteil nördlich des Polarkreises. Wissenschaftler schätzen, dass im Januar mindestens die Hälfte der nördlichen Hemisphäre unter einer Schneedecke liegt, allen voran Russland, Nordeuropa, Kanada, Teile von Sibirien und Alaska.

Auch im Nordwesten von Japan fällt dank des Ocean-Effects (siehe »Lake-Effect-Schnee« auf Seite 32) sehr viel Schnee. Eiskalte Winde wehen über Sibirien hinweg, nehmen über dem Japanischen Meer Feuchtigkeit auf und geben diese als Schnee über den Japanischen Alpen wieder ab. Man schätzt, dass im schneereichsten Gebiet dieser Region (in der Präfektur Nagano) jährlich um die 38 Meter Schnee fällt.

Auf der Südhalbkugel sammelt sich der Schnee – abgesehen von der Antarktis – hauptsächlich in den Bergregionen Neuseelands und Südamerikas. Allerdings kann es auch in Ländern schneien, die nahe am Äquator liegen – der Kilimandscharo ist beispielsweise so hoch, dass dort im Gipfelgebiet das ganze Jahr über Schnee und Eis liegen.

Der kälteste Ort der Welt

Auf einem Höhenrücken des östlichen Polarplateaus hat man mithilfe von Satelliten die niedrigste Temperatur, die jemals gemessen wurde, registriert: minus 92 Grad. Kein Wunder, dass die Gegend unbewohnt ist. Ein Mensch, der sich dorthin verirrt, würde keine drei Minuten überleben können.

Der kälteste bewohnte Ort der Welt, also der Kältepol der bewohnten Gebiete, ist das Dorf Oimjakon in der sibirischen Tundra. In der örtlichen Wetterstation wurden im Jahr 1933 minus 67,7 Grad gemessen.

Wofür brauchen wir Schnee?

Wenn die Räder unserer Autos mal wieder dank einer Schneeverwehung durchdrehen, ist die Bedeutung des Schnees für die Erde wahrscheinlich das Letzte, woran wir denken. Dennoch sind Schnee und Eis von großer Wichtigkeit für unser Ökosystem und die Gesundheit unseres Planeten.

Eine der Hauptaufgaben des Schnees ist es, als Sonnenschutz für die Natur zu wirken. Die Oberflächen von Schnee und Eis reflektieren optimal, wie ein riesiges weißes Sonnensegel werfen sie 80 bis 90 Prozent der Sonneneinstrahlung zurück und halten die Erde angenehm kühl. Die Schneedecke reguliert aber nicht nur die Erdtemperatur, sondern hat auch Auswirkungen auf regionale Wetterlagen, wie beispielsweise die Dauer von Regenzeiten im Sommer.

Schnee und Eis fungieren beide zudem als Süßwasserspeicher für einen großen Teil der Welt, indem sie Süßwasser in Flüsse, in den Boden und an Stauseen abgeben und damit Menschen, Tiere und Pflanzen eine stetige und verlässliche Versorgung ermöglichen. Mehr als ein Sechstel der Weltbevölkerung ist auf das Schmelzwasser angewiesen. Im Westen der USA stammen beispielsweise drei Viertel der jährlichen Abflussmengen, die für das Trinkwasser sorgen, aus den schmelzenden Schneedecken der Bergregionen.

Den dauerhaft gefrorenen Böden, auch Permafrost genannt, fällt die wichtige Aufgabe zu, den Abbau der organischen Stoffe, die in ihnen schlummern, zu verlangsamen. Wenn diese Böden auftauen und sich erwärmen, kurbelt das auch den Zersetzungsprozess an, und erhebliche Mengen Kohlendioxid und Methan würden mit einem Mal freigesetzt werden. Der vermehrte Ausstoß beider Gase würde den Klimawandel noch schneller vorantreiben. Im Gegenzug wirkt die Schneedecke an Orten, wo der Boden nicht dauerhaft gefroren ist, wie eine Wärmedecke, die den Boden und die Mikroorganismen vor extremen Temperaturschwankungen schützt.

∞∞

Schon gewusst?

In der Stadt Syracuse im Bundesstaat New York wurde schon einmal ein Schneeverbot ausgesprochen. Nachdem die Stadt von rekordverdächtigen Schneefällen heimgesucht worden war (mehr als vier Meter), verabschiedete der Stadtrat am 30. März 1992 einstimmig folgenden Beschluss: »Im Interesse der des Schnees überdrüssigen Bevölkerung der Stadt Syracuse wurde beschlossen, dass jeder weitere Schneefall in Syracuse bis zum 24. Dezember 1992 ausdrücklich als widerrechtlich zu betrachten ist.«

Natürlich hatte dieses Dekret keinerlei Folgen, aber es sorgte auf jeden Fall dafür, dass die Stadt mit einem Lächeln auf den Lippen den besonders schneereichen Winter überstand.

◇◇◇

Pflanzen und Schnee

O Wind, stimm ein:
Wenn Winter naht,
kann fern der Frühling sein?

Percy Bysshe Shelley,
»Ode an den Westwind«

Wenn der Schnee den Garten bedeckt und alles zum Erliegen kommt, wünschen wir uns wärmere Winter. Dennoch ist die kalte Jahreszeit mit Schnee und Eis und schneidenden Windböen ein wichtiger Bestandteil im Wachstumszyklus zahlreicher Pflanzen.

Wie wir schon gehört haben, wirkt die Schneedecke wie eine Isolationsschicht gegen die Härten des Winterwetters und trägt dazu bei, dass dem Boden bei der langsamen Schmelze mehr Wasser zugeführt wird. Aber was ist mit eisigen Temperaturen und Bodenfrost? Brauchen Pflanzen wirklich einen harten Winter, um zu gedeihen?

Wenn wir darüber stöhnen, was der letzte Frost oder ein heftiger Schneefall unseren Pflanzen zugefügt hat, liegt der Gedanke nahe, dass wärmere Winter für die Pflanzen besser wären und Wachstum wie auch Erträge fördern würden. Trotzdem sind lange Kälteperioden für die Pflanzenwelt meistens sehr nützlich.

Es gibt viele Pflanzen, die ohne Kälteperiode gar nicht blühen, geschweige denn Früchte hervorbringen. Man bezeichnet diesen Prozess als Vernalisation; dabei verfallen Pflanzen während der Frostperiode in einen Ruhezustand und werden auf den Frühling vorbereitet. Apfel- und Pfirsichbäume beispielsweise müssen zu einem gewissen Grad kalten Temperaturen ausgesetzt werden, um im folgenden Jahr Früchte tragen zu können (diese Zeit nennt man auch Keimruhe).

Jeder Gärtner erzählt gerne, dass ein reinigender, kalter Winter ein Segen ist. Ein Pilzbefall, der während eines warmen, feuchten Sommers aufgetreten ist, kann durch einen kurzen, knackigen Frost verschwinden, ebenso andere Schädlinge wie überwinternde Blattläuse. Schwere Lehmböden oder andere Erdklumpen werden von hartem Frost aufgebrochen und verwandeln sich in bebaubare Äcker, und Kälteeinbrüche sorgen auch dafür, dass die Stärke von Pastinaken und anderen Pflanzen in Zucker umgewandelt wird, was sie noch köstlicher macht.

In den Polargebieten, wo der Boden zum größten Teil dauerhaft gefroren ist, haben die Pflanzen das ganze Jahr über mit Winterwetter zu kämpfen. Erstaunlicherweise gedeihen etliche von ihnen unter diesen harten Bedingungen und haben sich so angepasst, dass ihnen die örtlichen Böden nützlich sind. Allein in der arktischen Tundra existieren 1700 Arten, darunter blühende Blumen, Büsche, Gräser und Kräuter. Nur eine dünne Bodenschicht taut jedes Jahr auf, die Pflanzen bleiben daher kompakt, bodennah und wurzeln nicht tief. Sogar die Bäume sind winzig, wie die *salix arctica*, die arktische Weide, die gerade mal neun Zentimeter hoch wird, sich aber grüppchenweise ausbreitet und so Miniwälder bildet. Ihre Blätter, Stämme und Samen sind mit Flaum überzogen, so schützt sich die Pflanze gegen eisige Winde, während andere arktische Arten selbst unter einer Schneedecke oder bei Extremtemperaturen wachsen. Da der arktische Sommer nur wenige Tage lang ist, haben die Pflanzen gelernt, sich schnell zu entwickeln, um möglichst viel von dem intensiven, aber nur kurze Zeit währenden Sonnenlicht abzubekommen. Der Arktische Mohn beispielsweise dreht seine senfgelbe Blüte und folgt der Sonne, dabei helfen die kelchförmigen Blütenblätter, die Sonnenstrahlen einzufangen.

Tiere und Schnee

Ebenso wie die Pflanzen haben auch Tiere gelernt, sich dem Schnee anzupassen. Bei manchen besteht der Trick darin, sich zurückzuziehen und zu warten, bis das Schlimmste überstanden ist. Für andere signalisiert der Winteranfang den Start einer Massenwanderung in wärmere Gebiete.

Vom Vogel bis zum Schmetterling gibt es zahlreiche Tierarten, die sich in Bewegung setzen, sobald die Temperaturen fallen. Manche legen nur bescheidene Entfernungen zurück, ein Frosch hüpft beispielsweise von seinem sommerlichen flachen Brutgewässer zu einem tieferen Teich in der Nähe, der nicht so schnell zufriert. Der Monarchfalter dagegen flattert auf der Suche nach einem warmen Winter von Kanada bis nach Mexiko. Und die Küstenseeschwalbe begibt sich auf eine 70 810 Kilometer lange Rundreise von Pol zu Pol – und zwar jedes Jahr! Im Laufe ihres Lebens legt sie eine Strecke von mehr als zwei Millionen Kilometern zurück – das entspricht drei Flügen zum Mond und wieder zurück.

Andere Tiere verfolgen eine einfache Strategie: dableiben und überleben. Einige kleinere Säugetiere, Reptilien und Wirbellose verstecken sich unter der dicken

Schneedecke und nutzen den Isolationsschutz, andere wie Fledermäuse und Siebenschläfer fallen in den Winterschlaf – quasi einen Scheintod, mit dem sie die kalte Jahreszeit überbrücken. Der Braunbrustigel beispielsweise hält abhängig vom Wetter etwa von Dezember bis März Winterschlaf. Dieser Winterschlaf hilft ihm nicht nur, die niedrigen Temperaturen zu überstehen, sondern ist auch notwendig, weil seine Hauptnahrungsquelle, die Insekten, im Winter verschwindet.

Tiere, die zwar keinen Winterschlaf halten, aber kaum Nahrung finden, legen Vorräte an. Eichhörnchen sind nicht die Einzigen, die jede Menge Nahrung verstecken, auch Maulwürfe horten Regenwürmer in Erdhügeln, Füchse vergraben ihre Beute, damit sie den Winter über hält, und Mäuse legen in ihren Nestern Samen- und Nussvorräte an. Der in den Rocky Mountains lebende amerikanische Pfeifhase kommt durch den Winter, indem er getrocknete Pflanzen (zum Beispiel Gräser) frisst, die er im Sommer zu kleinen Heuhaufen angelegt hat.

Und natürlich gibt es Tiere, deren Körper sich so anpasst, dass sie Temperaturstürze aushalten, die sonst tödlich wären. Polarhasen, Rentiere, Eisbären, Moschusochsen, Wölfe und sogar Lemminge besitzen ein dickes, isolierendes Fell, das sie warm hält, wenn die Temperaturen unter den Gefrierpunkt fallen. Säugetiere, die im eiskalten Wasser leben, überstehen den Winter dank einer Schicht Fettgewebe, die man Tran oder Walspeck nennt, während Pinguine sich in Gruppen zusammenkuscheln, um sich warm zu halten und den Wind abzuwehren. Die wohl außergewöhnlichste Kälteanpassung zeigt uns aber der Eisfrosch: Ein chemischer Cocktail in seinem Körper (unter anderem Harnstoff und Glukose) ermöglicht es ihm, sieben Monate im Jahr tiefgefroren wie ein Eis am Stiel zu überleben, wobei zwei Drittel des Wassers in seinem Körper zu Eis gefriert. Im Grunde ist er klinisch tot (kein Herzschlag, keine Durchblutung, starrer Körper), und trotzdem taut er im Frühling einfach auf und hüpft davon.

Schnee und Klimawandel

In den vergangenen Wintern ist sowohl in den USA als auch in Europa stellenweise sehr viel Schnee gefallen. Menschen, die nicht an den Klimawandel glauben, haben sich gefragt: »Wie soll sich die Erde denn erwärmen, wenn wir so viel Schnee haben?« Das erscheint zunächst widersprüchlich.

Doch die Erde erwärmt sich eindeutig. Das bedeutet aber nicht, dass der Schnee völlig verschwindet. Schneewetterlagen auf der ganzen Welt hängen von einer Reihe miteinander verbundener Faktoren ab. Einfach ausgedrückt: Steigt die Temperatur, nimmt auch der Wasserdampfgehalt in der Atmosphäre zu. Eine höhere Luftfeuchtigkeit bedeutet auch mehr Regen beziehungsweise, wenn es kalt genug ist, mehr Schnee.

Der Klimawandel verursacht allerdings auch Veränderungen der Luft- und Meeresströme, was wiederum bedeutet, dass sich dieser zusätzliche Schnee nicht gleichmäßig über die ganze Welt verteilt. Von wissenschaftlicher Seite wird vorausgesagt, dass durch die Erderwärmung die Winter zwar kürzer werden und die Gesamtschneemenge abnimmt (falls es kalt genug für Schnee ist), doch durch die wärmere, feuchtere Luft größere und gefährlichere Schneestürme entstehen.

Extreme Schneefälle

Es ist nicht so leicht vorherzusagen, welche Auswirkungen der Klimawandel im Hinblick auf extreme Schneevorkommen haben wird, aber ein Blick auf die Statistik lohnt sich. Amerikanische Wissenschaftler haben Daten zur Häufigkeit von extremen Schneestürmen im vergangenen Jahrhundert gesammelt und festgestellt, dass die Anzahl sukzessiv, aber immer schneller ansteigt. Die Statistik beweist, dass sich im Vergleich zur ersten Hälfte des 20. Jahrhunderts die Anzahl der extremen Schneestürme zwischen 1950 und 2000 in den USA *verdoppelt* hat. Eine Theorie besagt, dass das schmelzende Packeis der Arktis den Jetstream abschwächt und dadurch kalte Polarluft weiter nach Süden strömt, die dem Osten der USA enorm kalte Winter und Rekordschneehöhen beschert.

Schon gewusst?

Der Name Arktis stammt aus dem Griechischen und leitet sich aus dem Wort *arktos* ab, das »Bär« bedeutet. Einige Sternbilder sind das ganze Jahr über am Himmel zu sehen, man bezeichnet sie auch als zirkumpolar. Die bekanntesten Sternbilder des Nordens sind *Ursa Major*, der Große Bär, und *Ursa Minor*, der Kleine Bär. Antarktis heißt übrigens nichts anderes als »der Arktis gegenüber«.

Schnee im Weltall

Erst kürzlich konnten Wissenschaftler Hinweise darauf finden, dass die dunklen Krater am Nord- und Südpol des Mondes gefrorenes Wasser enthalten. Aber schneit es auch im Weltall?

Auf dem Mars, wo eine Durchschnittstemperatur von minus 60 Grad herrscht, ist es definitiv kalt genug für Schnee, und im Jahr 2008 verzeichneten Wissenschaftler in der Nähe des Mars-Nordpols Schnee auf Wasserbasis, so wie wir ihn kennen. Dieser Schnee scheint jedoch wegen der dünnen Atmosphäre auf dem Mars nicht liegen zu bleiben. Die Eiskristalle fallen zu langsam durch die Atmosphäre und verdunsten, bevor sie sich auf einer wie auch immer gearteten Oberfläche sammeln können. Der

Mars-Südpol dagegen ist mit einer Schicht gefrorenen Kohlendioxids (Trockeneis) bedeckt, das ebenfalls als CO_2-Schnee aus der Atmosphäre fällt.

Man vermutet, dass die Wolken des Jupiters eine Mischung aus gefrorenem Eis und Ammoniak enthalten, die als Zwischending aus Schnee und Hagel zu Boden geht, während es auf dem Jupitermond Io Schneeflocken aus Schwefel gibt. Auf anderen Monden und Planeten gibt es jeweils eigene kuriose Arten von Schnee: Auf dem Saturnmond Enceladus stoßen heiße Geysire Wasser in die Atmosphäre, das dann gefriert und als Schnee zu Boden fällt; Pluto erfreut sich einiger mit Methanschnee bedeckter Berge; und Triton, der größte Neptunmond, ist mit einer Stickstoffschicht vereist. Das eigenartigste Objekt im Weltall ist allerdings Kepler-13Ab, ein riesiger heißer Planet, mehr als 1700 Lichtjahre von der Erde entfernt. Dort schneit es Titandioxid, ein Stoff, den man ironischerweise in Alpin-Sonnencremes verwendet.

Wie ist von dir, dem Stern des flücht'gen Jahrs,
Die Trennung mir zum öden Winter worden!
Wie schüttelte mich Frost, wie dunkel war's,
Wie dürr dezemberschaurig aller Orten!

William Shakespeare, »Sonett 97«

MENSCH UND
SCHNEE

Die Eiszeit

Schon seit Millionen von Jahren ist das Erdklima recht unbeständig, es schwankt zwischen warmen, milden Perioden und rauen, eisigen Zeiten, wenn Schneedecken und Eisschichten die Kontinente bedecken.

Die letzte dieser Eiszeiten begann vor ungefähr 2,6 Millionen Jahren. In dieser Zeit zogen Gletscher über weite Landstriche, nicht selten bedeckten sie einen Großteil Nordamerikas, Europas und Asiens. Während dieser langen Eiszeit hat es dennoch oft kurze Wärmephasen gegeben, sogenannte Zwischeneiszeiten, die ein paar Tausend Jahre andauerten, um dann wieder neuen frostigen Zeiten Platz zu machen. Heute erleben wir eine Zwischeneiszeit, die vor ungefähr 11700 Jahren begonnen hat.

Der Mensch ist an diesen Zeiten sich verändernden Klimas gewachsen, und seine Fähigkeit, sich zu behaupten und an Neues anzupassen, hat seinen Erfolg zumindest in einigen Bereichen maßgeblich bestimmt. Große Schritte in der Entwicklungsgeschichte der Menschheit, wie etwa die Entdeckung des Feuers und die Abwanderung aus Afrika in andere Gebiete, gehen wohl darauf zurück, dass wir schon daran gewöhnt waren, uns in einer sich verändernden Umwelt zurechtzufinden.

Archäologische Aufzeichnungen zeigen, dass schon die Frühmenschen gegen Schnee und Kälte ankämpfen mussten und zuweilen in wärmere Gebiete zurückgedrängt wurden. In Großbritannien haben zum Beispiel vier verschiedene Arten von Urmenschen versucht sich anzusiedeln. Dank prähistorischer Fußabdrücke und Steinwerkzeugen können wir uns ein Bild davon machen, wie sich der sehr frühe Mensch, der *homo antecessor*, vor 900 000 Jahren mühsam durchschlagen musste. Damals waren die Britischen Inseln noch mit Frankreich verbunden, die Winter deutlich kälter als heute, und es gab nur wenige essbare Pflanzen. Um zu überleben, werden diese frühmenschlichen Pioniere nach Tieren gesucht und sie vermutlich auch gejagt haben: Mammuts, Elche und Wildpferde, die damals den Südwesten Englands bevölkerten.

400 000 Jahre später folgte eine neue Art Mensch, der *homo heidelbergensis*, die aber nicht lange blieb, denn vor 450 000 Jahren wurde das Klima sehr schnell sehr ungemütlich. Es folgte die Schlimmste aller Eiszeiten, die der Mensch je erlebt hat – für mehrere Tausend Jahre waren Großbritannien und ganz Nordeuropa unbewohnbar.

Vor etwa 400 000 Jahren waren es dann die Neandertaler, die sich nach Norden und auf die Britischen Inseln wagten, wobei sie wieder von Frankreich aus die Landbrücke überquerten, die zutage trat, als die Temperaturen und damit auch die Meeresspiegel sanken. Bis vor etwa 50 000 Jahren nutzte unser unverwüstlicher Cousin alles, was das Land an Ressourcen zu bieten hatte, er folgte Nashorn, Wild und Mammut und lernte mit der Kälte umzugehen. Wissenschaftler vermuten, dass die Neandertaler, die wohl keine dauerhaften Behausungen kannten, sich sowohl körperlich anpassten, um in Schnee und Eis zu überleben, als auch Strategien entwickelten, um sich Nahrungsvorräte für den Winter anzulegen.

Der moderne Mensch kam erst vor etwa 40 000 Jahren auf die Britischen Inseln, doch auch er blieb wohl nicht besonders lange, wahrscheinlich war es ihm im Norden einfach zu kalt. Erst als die Temperaturen vor etwa 12 000 Jahren nach dem letzten Aufbäumen der Eiszeit endlich stiegen, fühlte sich der moderne Mensch in der Lage, Britannien dauerhaft zu besiedeln.

Die kleine Eiszeit

Soldaten, welch eine Welt ist das?
Das bin ich:
Ich, der unablässige Schnee,
Der Himmel im Norden;
Soldaten, die Einsamkeit,
Die wir durchschreiten,
Das bin ich.

Walter de la Mare, »Napoleon«

Wenn wir uns alte Gemälde ansehen, auf denen die Menschen auf zugefrorenen Flüssen Schlittschuh laufen, fragen wir uns doch, warum das heute nicht mehr passiert. Auch wenn die Historiker sich hinsichtlich der genauen Datierung uneinig sind, scheint es zwischen dem 14. und 19. Jahrhundert eine Phase besonders strenger Winter gegeben zu haben, die als »Kleine Eiszeit« bekannt ist. Das Mittelalter an sich war schon recht unerbittlich mit all den Seuchen, Hungersnöten und Missernten, doch noch dazu gibt es Indizien, die nahelegen, dass das Wetter und besonders die Winter früher tatsächlich härter waren.

Durchschnittlich fiel die Temperatur in dieser Zeit auf der ganzen Welt nur um etwa ein Grad, einige Gegenden in Nordeuropa und Nordamerika erlebten jedoch einen drastischeren Temperaturabfall, besonders in den Wintermonaten. Das hatte spektakuläre Auswirkungen, denn die Themse wie auch andere Ströme Nordeuropas froren regelmäßig und nicht selten monatelang zu. Dies nahm man zum Anlass, um im Jahr 1607 erstmals die *River Thames Frost Fair* abzuhalten, einen Frostjahrmarkt mit Eislaufveranstaltungen, Verkaufsbuden, Trinkgelagen und Pferderennen. Zahlreiche weitere Feste folgten bis zum Jahr 1814. Kanäle und Flüsse froren zu, Alpendörfer wurden von Gletschern verschluckt, und überall in Europa kämpften die Bauern mit stets schwankenden Vegetationszeiten. Selbst Hexenverfolgungen fallen in diese Kleine Eiszeit, denn angsterfüllte Bauern waren davon überzeugt, dass Hexen für das schlechte Wetter verantwortlich seien. Ein Geschichtsschreiber berichtete, dass im fränkischen Zeil im Mai 1626 alle Weinstöcke, die zuvor noch in Blüte gestanden hatten, vom Frost vollkommen zerstört worden seien. Dadurch sei der Wein erheblich teurer geworden. Die Bauern klagten ihr Leid und konnten nicht verstehen, warum die Obrigkeit duldete, dass Hexen und Zauberer ihre Ernte zerstörten. Der Fürstbischof verhängte daraufhin Strafen, und noch im selben Jahr begann die Hexenverfolgung.

In einem weit positiveren Zusammenhang wird die Kleine Eiszeit sogar für den berühmten Klang der Stradivari-Geigen verantwortlich gemacht. Forscher sind der Ansicht, dass das kühle Klima Einfluss auf das Wachstum der Bäume hatte, aus deren Holz die Geigen hergestellt wurden. Das dichte, langsam wachsende Holz kann durchaus die Klangqualität der Instrumente verbessert haben, doch ist dies bislang nur eine Theorie. Mit Sicherheit wissen wir jedoch, dass sich die Menschen sehr erfinderisch der Kälte der Kleinen Eiszeit angepasst haben: Da wurden neue unempfindlichere Pflanzen gezogen, effizientere Kamine eingesetzt, mehr Kohle verbraucht und wärmere Kleidung angefertigt – kein Lebensbereich scheint von dem kühleren Wetter unberührt geblieben zu sein.

Wie langsam hier, wo ich von Frost und Schnee
eingeschlossen bin, die Zeit vergeht!

Mary Shelley, »Frankenstein«

Außergewöhnliche Schneemassen

Kurz nach dem Zweiten Weltkrieg war England zwar
siegreich, aber als Land vollkommen ausgelaugt. Dabei
ahnte man nicht, dass ein weiterer Kampf bevorstand.
Mitte Dezember 1946 sanken die Temperaturen plötzlich weit unter den Gefrierpunkt und erreichten minus
14 Grad. Dann fing es heftig an zu schneien, und es hörte

(abgesehen von einer kurzen Unterbrechung über die Weihnachtstage) auch eine ganze Weile nicht mehr auf, bis irgendwann drei Meter hohe Schneeverwehungen das Land komplett zum Erliegen brachten.

Straßen waren gesperrt, Züge blieben stehen, Nutzvieh erfror oder verhungerte auf Bauernhöfen, und schließlich war man an dem Punkt angelangt, wo ganz London nur noch für sechs Tage Kohle zum Heizen vorrätig hatte. Der Boden war so hart gefroren, dass die Bauern ihr Wurzelgemüse nicht ernten konnten, und sogar Kartoffeln, die selbst während des Krieges in England unbegrenzt zur Verfügung gestanden hatten, wurden nun zum ersten Mal rationiert.

Der Winter 1946/47 war jedoch immer noch nicht der kälteste in der britischen Geschichte. Im Kältewinter 1963 überrollte eine Frostwelle die Insel mit einem Temperatursturz auf minus 22 Grad. An 62 aufeinanderfolgenden Tagen lag die Insel, die so viel Schnee nicht gewohnt war, unter einer geschlossenen Schneedecke. Flüsse und Seen froren zu, und einige Dörfer waren tagelang von der Außenwelt abgeschnitten. Auch London wurde von der Kälte nicht verschont. Fotos aus dieser Zeit zeigen Menschen, die auf der zugefrorenen Themse spazieren gehen oder Rad fahren, Milchmänner, die auf Skiern unterwegs sind, und sogar Schlittschuhläufer vor dem Buckingham-Palast.

In jüngerer Vergangenheit erlebte Amerika im März 1993 eine der verheerendsten Schneekatastrophen seiner

Geschichte. Der Sturm des Jahrhunderts legte ein Drittel des Landes lahm, als er drei Tage lang die Ostküste entlangwalzte und gewaltige Schneeverwehungen, Sturmfluten, Blizzards, Tornados und eisige Temperaturen mit sich brachte. Auf seinem Höhepunkt wütete der Sturm von Honduras im Süden bis nach Kanada und richtete in 26 amerikanischen Bundesstaaten Verwüstungen an. Die fast schon biblische Kombination aus Schnee, Gewitter, Wind und Fluten verursachte Schäden in Milliardenhöhe, forderte mehr als 300 Menschenleben und zog fast die Hälfte der US-Bevölkerung in Mitleidenschaft. An manchen Orten wurden 1,80 Meter Schnee gemessen, der Wind wehte mit einer Geschwindigkeit von gut 240 Stundenkilometern, und das Thermometer fiel bis auf minus 24 Grad. Nur drei Jahre später, als man sich an der Ostküste nach dem Jahrhundertsturm gerade wieder aufgerappelt hatte, folgte eine neue Schneekatastrophe, die niemand so erwartet hätte. Der Blizzard von 1996 traf New York und den Rest der Ostküste mit der Wucht eines Güterzuges, riss mehr als 150 Menschen in den Tod und zwang die Regierung, für einen Zeitraum von fast einer Woche den Notstand auszurufen.

Friert die Themse wohl noch einmal zu?

Auch wenn die Themse 1963 teilweise zugefroren war, ist es unwahrscheinlich, dass dies in näherer Zukunft noch einmal passiert. Und zwar aus drei Gründen: Erstens ist die Durchschnittstemperatur im Winter derzeit zu hoch, 1814 lag sie im Januar bei minus 3 Grad, heute bei 1,4 Grad; zweitens führt die Themse einen höheren Anteil Meerwasser als früher, und Salzwasser hat einen niedrigeren Gefrierpunkt, und drittens fließt sie schneller als früher, was ein Zufrieren ebenfalls unwahrscheinlicher macht. Ähnliches gilt für andere große europäische Flüsse.

Erleben wir bald eine neue Eiszeit?

Klimamodelle belegen, dass uns die nächste Eiszeit erst in etwa 50 000 Jahren bevorsteht. Das Potsdam-Institut für Klimafolgenforschung geht jedoch davon aus, dass die vom Menschen verursachte Erderwärmung diesen Zeitpunkt um weitere 50 000 Jahre nach hinten verschieben wird. Folglich werden wohl erst wieder in 100 000 Jahren gewaltige Eismassen über Mitteleuropa und Nordamerika hinwegziehen. Wenn überhaupt.

Die Etymologie des Schnees

Zwar können wir unmöglich feststellen, wann das Wort »Schnee« zum ersten Mal ausgesprochen wurde, doch Sprachwissenschaftler können den Ursprung des Wortes und seine Reise um die Welt nachverfolgen. Die Theorie besagt, dass die Wurzel des Wortes aus der Indogermanischen Ursprache (auch Proto-Indoeuropäisch genannt) stammt und von einer Volksgruppe gesprochen wurde, die vor etwa 6500 bis 4500 Jahren lebte. Aus dieser Ursprache haben sich viele moderne Sprachen entwickelt, unter anderem Spanisch, Deutsch, Französisch, Italienisch, Urdu und Jiddisch.

Das indoeuropäische Wort für »Schnee« schreibt man *sneig^{wh}* und wird vermutlich *snehi-guah* ausgesprochen. Diese Wortwurzel hat sich bei ihrer Ausbreitung über riesige Strecken und enorm lange Zeiten erstaunlich wenig verändert. Aus dem Althochdeutschen *snēo* wurde das Mittelhochdeutsche *snē* und schließlich »Schnee«. Aus dem Altenglischen *snāw* wurde *snow*. Auf Isländisch heißt es *snjór*, auf Schwedisch *snö*, Irisch *sneachta*, Russisch *sneg*, Litauisch *sniegs*, Holländisch *sneeuw* und Sanskrit *snēha*. Andere Sprachen, in denen das Wort mit einem »n« beginnt, wie das Französische *neige*, scheinen auf den ersten Blick nicht dazuzugehören. Lässt man aber vom indoeuropäischen Urwort das »s« weg, ist die Ähnlichkeit wiederhergestellt. Und dann sind das Walisische *nyf*, das Altgriechische *nípha,* das Italienische *neve*, das Französische *neige* wie auch das Spanische *nieve* doch wieder Teil der Wortfamilie.

Schnee im Dialekt

Sprache kann sich wunderbar entfalten und Nuancen entwickeln. Auch Schnee hat viele verschiedene Formen, er verändert sich beim Fallen, beim Liegenbleiben, beim Schmelzen. Kein Wunder, dass Menschen in vielen Gegenden eigene Wörter gefunden haben, um ihre Empfindungen auszudrücken – für die kleinen Unterschiede in der Art des Schneefalls sowie für das, was einen Schneesturm schlimmstenfalls ausmacht. Hier eine kleine Auswahl ungewöhnlicher und beinahe in Vergessenheit geratener Begriffe:

BLENKY UND FOAMLE

Blenky ist ein altes Wort aus dem Westen Englands, das leichten Schneefall bezeichnet, eigentlich nur eine Handvoll Flöckchen. Abgeleitet wurde es aus *blenks*, einer alten Bezeichnung für Asche, weil der leichte Schneefall so aussah wie die weißen Partikel, die aus dem Kamin oder Lagerfeuer geweht werden. In Schottland nennt man diese sanften Schneeschauer *flindrikin*, was auch »unsolide« oder »frivol« bedeuten kann. Im österreichischen Ötztal sagt man *Foamle*, wenn der Schnee ganz leicht zu Boden fällt.

BLIND SMUIR

Dies ist ein wunderbarer uralter schottischer Begriff für eine Schneeverwehung. *Smuir* bedeutete »ersticken« oder »die Luft abschnüren«, ein *blind smuir* war demnach ein Schneesturm, bei dem man nicht nur die Hand nicht mehr vor Augen sah, sondern auch husten musste, weil er so fein war. »Grad wacheln duads«, sagt der Bayer da. Und ein schottisches Gedicht erzählt von unzähligen Schneeschauern und Schneeverwehungen, die eines trüben Tages übers Land zogen, sodass die Tiere eines Schäfers zu ersticken drohten. Er rannte schnell los, um seinen Schafen das Leben zu retten – und lief unheilvoll in den eigenen Tod:

That dolefu' day, in whilk the lift
Sent down sic show'rs of snaw and drift,
To smuir his sheep – he was sae glift
He ran wi' speed
To save their lives – ah! dreadfu' shift
It was his dead.

Berwickshire Sandy, »Poems«

ONDING UND GUUXÄ

Onding ist ein Wort aus dem 18. Jahrhundert, das ursprünglich vom Mittelenglischen *dingen* abstammt und »wiederholt schlagen« bedeutet. Es bezeichnet also schweren, unablässigen Schnee oder Regen. Ungefähr das, was die Schweizer meinen, wenn sie von *Guuxä* sprechen.

Es war ein sehr grauer Tag, der Himmel trüb
und schwer vom unablässigen Schnee, alles war
wie verhangen; immer wieder fielen Flocken,
die sich auf den festgefrorenen Weg und die mit
Raureif gefrorene Flur legten und nicht schmolzen.

Charlotte Brontë, »Jane Eyre«

SNOW BROTH UND GSCHLAA

Bei *Snow Broth* handelt es sich um einen Begriff aus dem Mittelalter, der geschmolzenen Schnee oder Schneematsch beschreibt. Genau genommen bedeutet er »Schneebrühe«. Diese Brühe wird im österreichischen Pinzgau *Gschlaa* genannt.

Lord Angelo, ein Mann, dem statt des Bluts
Schneewasser in den Adern fließt; der nie
Der Sinne muntre Trieb' und Regung kannte.

William Shakespeare, »Maß für Maß«

POUDRE

Die französischsprachigen Kanadier benutzten bis ins frühe 20. Jahrhundert hinein einfach das französische Wort für »Puder«, um Pulverschnee zu beschreiben. Interessanterweise verwenden die Schotten ein sehr ähnliches Wort, nämlich *snaw-pouther*.

Ein Tag mit »Poudre«, seiner schneidenden Luft
und dem schlimmen Frost war eine üble Sache;
doch die verwundenen Böen, die wilden Vorhänge
aus Schnee, brachten Verwüstung und Tod.

Gilbert Parker, »Pierre and his People«

ICE-SHOGGLES UND GLOCKEN

Ice-shoggles ist ein altes Wort für »Eiszapfen«, das aus dem Nordenglischen stammt. Es gibt noch viele weitere Wort-Kleinodien aus anderen Teilen Großbritanniens, die Eiszapfen beschreiben, zum Beispiel *clinker-bells* (also »Backsteinglocken«), *ice-lick* (»Eislutscher«) und *snipes* (»Schuss aus dem Hinterhalt«).

Interessanterweise haben viele Begriffe des Yorkshire-Dialekts ihre Wurzeln bei den Wikingern, zum Beispiel das Wort *glocken*, das den Taupunkt des Schnees beschreibt und mit dem Isländischen *glöggur* verwandt ist, was wiederum »verdeutlichen« bedeutet.

... aber du weißt, der Winter zähmt Mann,
Frau und Vieh.

William Shakespeare,
»Der Widerspenstigen Zähmung«

MIT SCHNEE

LEBEN

Schneegemeinschaften

Wer nicht selbst in der Arktis lebt, stellt sich die Landschaft meist ziemlich karg und unwirtlich vor. Die zahlreichen indigenen Gruppen, die teilweise seit mehr als 20 000 Jahren dort leben, betrachten die Arktis als üppige, ertragreiche Region, in der man das ganze Jahr über seinen Lebensunterhalt erwirtschaften kann.

Das, was wir heute unter »Arktis« verstehen, ist eine Region, die Teile acht verschiedener Länder einschließt: Norwegen, Schweden, Finnland, Dänemark, Island, Kanada, Russland und der USA. Die dort ansässigen indigenen Gruppen stellen etwa zehn Prozent der fünf Millionen Menschen, die nördlich des Polarkreises leben. Die Antarktis ist dagegen der einzige Kontinent, der nie eine indigene Bevölkerung hatte.

Um in den arktistypischen langen, harten Wintern und kurzen Sommern überleben zu können, mussten sich die Menschen den extremen Witterungsverläufen und den Wanderungen der Wildtiere anpassen. Einige Gruppen siedelten sich in den Küstenregionen an, erschlossen geschickt die Fischgründe und jagten Meeressäuger, während andere Ureinwohner der Arktisregionen halbnomadisch im Landesinneren dem Zug der Herden folgten und als Fallensteller, Jäger und Sammler lebten.

Die Aleuten beispielsweise, die ursprünglich sowohl in der russischen Kamtschatka lebten als auch auf den Aleuten-Inseln (die zu Alaska gehören), entwickelten einen Lebensstil, der sich an Meer und Küste orientierte: Sie fingen Fische, jagten Seehunde und Seelöwen. Das Erfolgsmodell der Athabasken dagegen, die sich in Alaska, am Yukon und im Nordwesten der USA ansiedelten, sah so aus, dass sie je nach Jahreszeit auf Wanderschaft gingen und in kleinen Gruppen fischten und Karibus, Elche, Biber sowie Kaninchen jagten.

Die Inuit, die 90 Prozent der Bevölkerung Grönlands ausmachen und auch in Teilen Kanadas und Alaskas angesiedelt sind, sind traditionell gute Fischer und Jäger, die sich auf Wale, Karibus, Walrösser, Eisbären, Seehunde und andere Polartiere spezialisiert haben. Die Samen dagegen, die in einem riesigen Gebiet leben, das sich über den Norden von Schweden, Norwegen, Finnland und Russland erstreckt, haben eine Lebensweise entwickelt, die nicht nur auf halbnomadischer Rentierjagd beruht, sondern auch das Halten von Schafherden, Fischerei und Pelztierfang einschließt.

Ein großer Teil der 500 000 Menschen großen indigenen Bevölkerung, die in der Arktis ansässig ist, bestreitet sein Leben noch immer mit Herdenhaltung, Jagd und Fischerei – und erhält darüber hinaus Sprache und Kultur am Leben. Gerade für diese Lebensgemeinschaften stellen die Auswirkungen des Klimawandels (siehe »Schnee und Klimawandel« auf Seite 64) besonders große Herausforderungen dar. Wissenschaftler sagen voraus, dass ganze Völker, die in Küstennähe leben, umsiedeln müssen, wenn die Polkappen weiter schmelzen. Die Küsten drohen zu erodieren, denn ohne das Packeis wird ein wichtiger Puffer fehlen. Durch den beschleunigten Temperaturanstieg in der Arktis verändert sich auch der Wildtierbestand, was wiederum die Zukunft vieler indigener Völker gefährdet, die auf Polartiere angewiesen sind und sie als Nahrungsquelle oder zur Herstellung anderer lebenswichtiger Güter benötigen.

Schneehäuser

Man misst Dämmstoffe heute in sogenannten R-Werten, welche die Wärmedurchlasswiderstände darstellen, im Grunde also aufzeigen, wie leicht Wärmeenergie von einer Seite des Materials auf die andere wechseln kann. Je höher der R-Wert (wobei das »R« für Wärme-Resistenz steht), desto widerstandsfähiger oder resistenter ist der Stoff gegen Kälte und desto höher ist auch die Dämmleistung.

Wenn man sich also einen Kälteschutz errichten will, ist es hilfreich, den R-Wert des verwendeten Materials zu kennen. Eine klassische Gipskartonplatte (beispielsweise Rigips) hat einen R-Wert von 0,5, ein Backstein von 0,8. Und kalter Schnee? Eine 2,5 Zentimeter dicke Schneeschicht besitzt einen R-Wert von 1,0. Das bedeutet, dass eine Schutzhütte, deren Wände aus 25 Zentimeter Schnee bestehen, denselben R-Wert hat wie eine mit einer 15 Zentimeter dicken Glasfaserdämmung.

Menschen, die mit dem Schnee leben und seine Wärmewirkung kennen, machen sich diese Eigenschaft seit Langem zunutze. Die Inuit in Nordkanada und Grönland sind beispielsweise für ihre **IGLUS** bekannt, die als provisorische Schutzhütten auf Winterjagden gebaut werden. Ein Iglu ist ein Meisterwerk ebenso einfallsreicher wie nachhaltiger Architektur. Die Hütte wird aus Blöcken aus komprimiertem Schnee errichtet, die dann zurechtgeschnitten und spiralförmig aufgeschichtet werden, sodass ein Kuppelbau entsteht. Die Luft, die im Schnee eingeschlossen ist, wirkt dabei wie eine hochfunktionelle Wärmedämmung, wobei es im Inneren selbst dann behaglich warm ist, wenn draußen die Temperaturen in den Keller fallen (siehe »Ein Iglu bauen« auf Seite 136).

Viele Konstruktionsmerkmale des Iglus tragen dazu bei, dass man drinnen sicher ist und es warm hat. Durch die spezielle Bauweise hält die Kuppel zusätzliche Schneelasten aus, während die Körperwärme im Inneren des Iglus dafür sorgt, dass die Oberfläche der Schneeblöcke leicht antaut und wieder gefriert und so zugige Lücken geschlossen werden. Der niedrige Eingangstunnel verhindert, dass der Wind ins Iglu bläst, und Felle und Leder sorgen im Inneren für zusätzlichen Komfort. Da innen die warme Luft aufsteigt, werden erhöhte Schlafpodeste gebaut, damit sich die Bewohner am wärmsten Ort des Iglus aufhalten können. Oft wird an den Seiten des Iglus zusätzlich Schnee aufgehäuft, um eine weitere Wärmedämmungsschicht hinzuzufügen. Und wenn dann der Sommer kommt und das Iglu nicht mehr gebraucht wird, schmilzt es einfach rückstandslos weg.

∞∞∞

Schon gewusst?

Martin Frobisher, ein Abenteurer, Freibeuter und alter Seebär aus dem 16. Jahrhundert, gilt als der erste Europäer, der je einen Blick auf ein Iglu erhaschen konnte – und zwar als er 1576 die Baffininsel im kanadisch-arktischen Archipel besuchte. Nach einer zunächst herzlichen Begrüßung durch die indigenen Inuit verschwanden fünf seiner Besatzungsmitglieder, nachdem sie an Land gerudert waren, und Frobisher spürte plötzlich einen Pfeil in seinem Hintern. Zur Rache nahm Frobisher einen der Inuit-Männer gefangen und brachte ihn nach England, wo er an einer Erkältung starb – welch Ironie des Schicksals.

∞∞∞

Auch andere indigene Völker haben Schneehäuser gebaut: Ein *Quinzhee* ist ebenfalls eine Übergangsunterkunft und kommt oft in lebensbedrohlichen Situationen zum Einsatz. Das Wort stammt aus der athabaskischen Sprache (siehe »Schneegemeinschaften« auf Seite 89), die von den Stämmen der Slavey und Sahtú in Kanada gesprochen wird, und beschreibt einen Schneeunterschlupf, der aus einem großen Haufen losen Schnees gebaut wird. Dieser Haufen wird erst in Form gebracht und dann so ausgehöhlt, dass dicke, dämmende Wände stehen bleiben. Um einen *Quinzhee* zu bauen, muss zunächst ein etwa zwei Meter hoher Schneehaufen mit einem Durchmesser von vier Meter errichtet werden. Dann muss sich der Schnee ein paar Stunden setzen – diesen Vorgang nennt man »Sintern«, dabei wird der Schnee unter Druck komprimiert. Danach wird das Innere ausgehöhlt, bis der Raum so groß ist, dass man hineinkriechen und darin sitzen kann. Die Finnen haben ein Wort für einen ähnlichen Unterschlupf, den sie *Lumitalo* nennen.

Menschen, die in Regionen mit ewigem Eis reisen wollen, bekommen zuvor gezeigt, wie sie sich in Notsituationen einen Schutz bauen können. Die einfachste dieser notdürftigen Schutzvorrichtungen ist ein SCHNEEGRABEN: Ein ein Meter tiefer Graben, der lang genug für einen Menschen ist, wird mit einer Plane oder einem Tuch bedeckt und mit Schneeblöcken oder schweren Ausrüstungsgegenständen befestigt.

Schneegräben und *Quinzhees* sind zwar gute Lösungen für flaches Gelände, Bergsteiger aber vertrauen seit Langem auf SCHNEEHÖHLEN, wenn sie bei langen Aufstiegen einen Notunterschlupf benötigen. Für eine Schneehöhle braucht man einen steilen Abhang. Erst wird ein Tunnel waagerecht in den Abhang gestochen, dann gräbt man nach oben, um so einen großen Raum oberhalb des Eingangstunnels zu schaffen. Wenn der Hauptraum ausgehöhlt ist, kann der Eingangstunnel noch provisorisch mit Schnee versperrt werden, um sich so abzuschotten, dass keine Wärme entweichen kann. Durch die Wand der Höhle muss nach draußen jedoch ein kleines Belüftungsloch gebohrt werden, damit frische Luft hineinkommen kann.

◇◇

Schon gewusst?

Das größte Iglu, das jemals gebaut wurde, stammt von einem 18-köpfigen Team aus Zermatt in der Schweiz. Ganze zehneinhalb Meter war es hoch, mit einem inneren Durchmesser von fast 13 Meter. (Nur zum Vergleich: Ein Londoner Doppeldeckerbus ist nur gute vier Meter hoch und zehn Meter lang.)

◇◇

Schneebekleidung

Moderne Schneebekleidung ist aus Funktionsfasern, ultraleicht und besitzt lebensrettende Wärmeeigenschaften. Die Menschheit aber hat sich schon sehr viel früher so kleiden müssen, dass sie den Elementen trotzen konnte. Die älteste Wintermütze, die man je gefunden hat, gehörte Ötzi, dem Mann aus der Jungsteinzeit, der auf einem Gletscher an der österreichisch-italienischen Grenze gefunden wurde. Sein 5300 Jahre alter Körper sowie der größte Teil seiner Kleidung und Ausrüstung blieben im Eis erhalten und geben uns heute Hinweise darauf, wie sich prähistorische Menschen gekleidet haben, um es in der Kälte auszuhalten. Ötzis Mütze war nicht aus Wolle, sondern aus Bärenfell und lag wie eine Bommelmütze oder eine Beanie eng am Kopf an. Kleinere Teile Bärenfell waren dafür schüsselförmig zusammengenäht worden, und ein dünnes Kinnband schützte die Kappe vor dem Verrutschen. Der tatsächliche Vorläufer der wollenen Skimütze findet sich in den *Chullos*, wie sie von den Andenvölkern getragen werden. Diese dicken Wollmützen mit Ohrenschutz halten das extreme Bergwetter von ihrem Träger fern und sind bei den indigenen Völkern mindestens seit den Zeiten der Inka in Gebrauch.

Die ersten **SKIBRILLEN**-Modelle wurden von den Inuit und Yupik in der Arktis getragen (siehe »Schneegemeinschaften« auf Seite 89). Anders als heutige Skibrillen, bei denen unsere Augen von Kunststoff geschützt werden, wurden diese genialen Sonnenbrillen aus Treibholz, Knochen oder Horn angefertigt, in die ein langer, schmaler Schlitz geschnitzt wurde. Diese Schneebrillen waren individuell so angepasst, dass sie eng am Gesicht ihres Besitzers anlagen und dieser einzig durch den Schlitz sehen konnte. Diese Machart hatte drei Vorteile: Erstens bekam der Träger der Brille weder Flugschnee noch Spritzwasser ins Gesicht, zweitens wurde er nicht geblendet und lief nicht so leicht Gefahr, schneeblind zu werden. Drittens verbesserte das Design dieser Schneebrille auch die Sehschärfe, denn der schmale Schlitz bot denselben Effekt wie eine Lochkamera – sprich, je kleiner die Öffnung, desto schärfer das Bild und besser die Schärfentiefe.

Als der moderne Mensch vor etwa 45 000 Jahren aus Afrika in ein Europa voller Gletscher auswanderte, hätte er zweifellos wärmeisolierende, hochtechnisierte Kleidung gebrauchen können, um dem kalten Klima zu trotzen. Wir können zwar nicht mit Sicherheit sagen, was diese frühen Pioniere getragen haben, aber in Ermangelung von Wolle und Funktionsfasern werden sie sich wohl mit Leder und Fellen beholfen haben. Einige Wissenschaftler vertreten die Theorie, dass vor 125 000 Jahren der Neandertaler, der sich dem Leben in eisigem Klima angepasst hatte, nur einen kleinen Teil seines Körpers bedecken musste, um in den extremen Temperaturen der nordeuropäischen Eiszeit zu überleben. Wahrscheinlich werden wir nie erfahren, wer den ersten warmen Wintermantel getragen hat, allerdings gibt es 24 000 Jahre alte Figürchen aus Russland, die aussehen, als würden sie Parkas tragen. Und auch die Inuit kleiden sich schon seit sehr langer Zeit in lederne Anoraks, die mit Tierfellen gefüttert sind. Der *Amauti*, so der Name des Parkas, der von Inuit-Frauen getragen wird, hat eine eingebaute Babytragetasche unter der Kapuze. Sie wird an der Hüfte festgebunden, damit das Baby nicht herunterfallen kann.

◇◇◇

Schon gewusst?

Das Wort »Parka« wurde nicht etwa in den 1960er-Jahren von den Mods erfunden, sondern stammt vom Volk der Nenzen, einer der zahlreichen indigenen Gemeinschaften, die in der Arktis zu Hause sind. Es wurde erstmals 1625 vom Reiseschriftsteller Samuel Purchas im dritten Band seines Werkes *Purchas His Pilgrimes* (Purchas' Pilgerfahrt) verwendet:

»Bei den Samoit verhält es sich während ihrer Wander-
schaft so, dass sie einen Mantel tragen, der Parka genannt
wird und zumeist aus Rentierleder besteht, dazu etwas
Polarfuchs und Bärenmarder, deren Haar oder Fell auf der
Außenseite angebracht ist.«

◇◇

Schneeausrüstung

Mehrere Tausend Jahre lang hat die Menschheit versucht, spezielle Ausrüstung zu erschaffen, die nicht nur beim Überleben unter widrigen, schneereichen Bedingungen hilft, sondern auch die physikalischen Eigenschaften des Schnees nutzt, um sich schneller fortzubewegen und Transporte zu erleichtern. Zum Beispiel **SCHNEE-SCHUHE**. Lange bevor man die Gewichtsverteilung physikalisch berechnen konnte, wussten Menschen in-tuitiv, dass man nur dann in tiefem Schnee laufen kann, wenn man möglichst große Fußstapfen schafft. Viel-leicht haben sie es sich aus der Natur abgeschaut und Tierpfoten genau studiert, jedenfalls war die Konstruk-tion des Schneeschuhs im Grunde bereits vor 6000 Jah-ren abgeschlossen und sah den heutigen Modellen gar nicht mal so unähnlich. Das älteste Exemplar wurde übrigens in den italienischen Dolomiten gefunden. Der Schneeschuh bestand aus eineinhalb Meter langem

Birkenholz, das zu einem Oval gebogen und mit Faden zusammengebunden war. Eine Radiokarbondatierung hat ergeben, dass der Schuh aus der Zeit um 4000 v. Chr. stammt.

Sowohl in China wie auch in Skandinavien hat das Skifahren eine lange Tradition. Beide Gegenden rühmen sich damit, diejenige zu sein, in der zum ersten Mal **SKI** gefahren wurde. Beweise dafür stehen allerdings noch aus. Sicher ist jedoch, dass die ersten Skifahrer Jäger waren und keine Vergnügungstouristen. Älteste Hinweise stammen aus Felszeichnungen an den Wänden antiker Höhlen. Im Altai-Gebirge, wo China, die Mongolei, Kasachstan und Russland zusammentreffen, entdeckte man an einem Felsen die etwa 3000 bis 10 000 Jahre alte Zeichnung eines Skifahrers, der einen Steinbock jagt. Die Archäologen streiten noch über die genaue Datierung. Aus einem ähnlichen Zeitraum sind auch Felszeichnungen von Skifahrern in Norwegen, Schweden, Finnland und Russland gefunden worden, wobei die älteste Zeichnung etwa 5500 Jahre alt ist.

Bei den ältesten Funden von Skiern legen sich die Archäologen eher fest, so handelt es sich um die 8000 Jahre alte Spitze eines Holzskis, die in der Torflandschaft nahe dem russischen Sindorsee gefunden wurde. Interessanterweise hat man sowohl bei den alten Funden wie auch auf den antiken Felszeichnungen nur Skifahrer entdeckt, die einen einzigen langen **SKISTOCK** verwendeten. Einige Forscher glauben, dass die frühen Skifahrer diesen Stock, der eher wie ein Paddel geformt war, wie eine Art Steuerruder benutzt haben, wenn sie mit hoher Geschwindigkeit bergab gefahren sind. Auch war die Stehposition anders als heute eher in der Rücklage statt nach vorn gebeugt. Der schaufelartige Skistock konnte zudem zum Schneeschippen genutzt werden oder als Kelle, um das Eis freizuräumen, sowie als Jagdwaffe. Es ist doch bemerkenswert, dass die Menschen im abgelegenen Altai-Gebirge heute noch genauso Ski fahren: Auf selbst gebauten Holzskiern, die mit Pferdeleder überzogen sind, und mit nur einem langen Skistock.

Was die Ursprünge des **SNOWBOARDS** angeht, herrscht sogar noch größere Uneinigkeit. Auch wenn viele Leute es für eine relativ neue Erfindung halten, gibt es faszinierende Hinweise darauf, dass es sich beim Snowboard um einen sehr viel älteren Gegenstand handelt. Oft wird erzählt, dass die Geschichte des Snowboarding erst in den 1960er-Jahren begann, als Sherman Poppen den *Snurfer* erfand, indem er zwei Skier zusammenschraubte und vorne ein Seil befestigte. Der *Snurfer*, eine Zusammensetzung aus *Snow* und *Surfer*, wurde sofort ein großer Erfolg, der weitere Entwicklungen und Verbesserungen hervorbrachte, die schließlich zur Erfindung des Snowboards führten. Die Idee, auf einem einzigen Ski zu stehen statt auf zweien, ist allerdings nicht neu. Im Ostpontischen Gebirge in der Türkei fahren die Menschen seit mindestens 400 Jahren seitwärts auf dem

Lazboard, einem flachen, snowboardähnlichen Brett. Der einzige Unterschied besteht darin, dass die *Lazboard*-Fahrer vorn am Ski ein Seil haben, um das Gleichgewicht zu halten, und hinten einen Stock, mit dem gesteuert werden kann. Auch hat man schon von österreichischen Bergarbeitern gehört, die bereits im 16. Jahrhundert hölzerne Boards namens *Knappeross* benutzt haben, um damit die Berge hinunterzubrettern. In der Schweiz tauchte zur gleichen Zeit eine ähnliche Version auf, die *Rittpratt* genannt wurde.

Wie bei den Skiern ging es auch bei den **SCHLITTSCHUHEN** zunächst nicht ums Vergnügen, sondern schlicht ums Überleben, so die Archäologen. Überall in Skandinavien hat man Schlittschuhe aus Knochen gefunden, manche davon sind 5000 Jahre alt. Diese Schlittschuhe wurden aus Rinder- oder Pferdeknochen (meist Schienbeinknochen) geschnitzt und mithilfe einer Lederbindung wie Gleitschuhe unter die Füße geschnallt. Auf diese Weise konnte man schneller die für diese Gegend und vor allem für Finnland charakteristischen zugefrorenen Seen überqueren. Und wie beim Skifahren gab es auch hier eine andere Technik. Anhand von Forschungsergebnissen lässt sich sagen, dass die frühen Eisläufer sich nicht mit den Füßen abstießen, sondern mithilfe von langen Stöcken, die sie als Gleithilfen einsetzten. Ein Wahnsinn, dass dieses Schlittschuhdesign noch bis ins Mittelalter erhalten blieb! Im Museum of London ist ein Paar knöcherner Schlittschuhe aus dem

12. Jahrhundert ausgestellt, und aus dem Bericht des Geschichtsschreibers William Fitzstephen aus derselben Zeit geht hervor, dass die Londoner Eisläufer die langen Stangen nicht nur zum Anschieben benutzten, sondern auch zum Lanzenstechen auf dem Eis. Bei diesem Spiel fuhren die Schlittschuhläufer aufeinander zu und hielten ihre Stöcke ausgestreckt vor sich. Ziel des Spiels war es, den Gegner damit umzuhauen.

Spannend ist, dass die Menschen in schneereichen Gegenden immer sehr ähnliche Erfindungen hervorbrachten. Zum Beispiel **SCHLITTEN**. Überall auf der Welt haben Archäologen ähnliche Gegenstände gefunden, die von Menschen gebaut wurden, die räumlich wie zeitlich weit voneinander entfernt lebten. Holzschlitten – ein Brett mit glatten Holzkufen darunter, ähnlich wie sie heute noch von Kindern verwendet werden – hat man schon in Wikingergräbern gefunden, ebenso aufgemalt auf ägyptischen Sarkophagen (wo die Schlitten natürlich auf Sand statt auf Schnee benutzt wurden). Auch von den Inuit werden sie heute noch gefahren. Der traditionelle Inuit-Schlitten, der *Quamutik*, wurde stets aus Holz gebaut, einem Material, das in der Arktis nicht gerade in großen Mengen vorhanden ist. Während Gemeinschaften, die an der Küste lebten, angespültes Treibholz verwenden konnten, mussten Menschen aus dem Landesinneren weite Strecken zurücklegen, um das benötigte Bauholz für die Kufen zu bekommen. Wenn nicht genügend Holz aufzutreiben war, wurden andere

Materialien genutzt, beispielsweise Wal- oder Walrossknochen, Walrosszähne, Geweihe oder gefrorene Tierhäute.

Ob der Schnee vielleicht die Bäume und
Felder liebhat, dass er sie so zärtlich küsst?
Und dann deckt er sie schön warm
mit einem Federbett zu, und dabei wird er
wohl sagen: »Schlaft ein, ihr Lieben,
bis der Sommer wieder da ist.«

Lewis Carroll, »Alice hinter den Spiegeln«

SCHNEE-
FESTE

Winterfeste

Ende Dezember liegt die Wintersonnenwende, der kürzeste Tag des Jahres. Dieses Ereignis wurde schon vor mehreren Tausend Jahren gefeiert. Zwar markiert sie offiziell den Winteranfang, gleichzeitig jedoch den Zeitpunkt, ab dem wir uns wieder auf längere, wärmere Tage und auf die Rückkehr der Sonne freuen können.

Diese Zeit ist in zahlreichen Kulturen als historisch bedeutsam verbrieft: In China wird das *Dongzhi*-Fest traditionell mit der Familie gefeiert, es werden besondere Speisen zubereitet, man besucht die Gräber der Ahnen und ehrt die Toten; im alten Rom dagegen wurden zur Wintersonnenwende die Saturnalien gefeiert, eine siebentägige Party voller Besäufnisse, Geschenke, Opfergaben und Gesetzlosigkeit. Auch mit Masken und Kostümen verkleidete Gruppen zogen singend und schauspielernd von Haus zu Haus. Man geht davon aus, dass diese »Mimen«, die ihren Namen Momos, der Personifikation der Satire im antiken Griechenland, verdanken, Vorläufer der heutigen Sternsinger waren.

Vor der Christianisierung feierte man in skandinavischen Gemeinden das Julfest; zwölf Tage lang wurden Feuer entzündet, die das Leuchten der wiederkehrenden

Sonne (und den Ursprung des sogenannten Christklotz im Kamin) symbolisierten. Im Iran feiern die Familien zur Wintersonnenwende die *Yalda*-Nacht, bleiben bis weit nach Mitternacht auf, essen, trinken, erzählen Geschichten und lesen traditionelle Gedichte vor. Granatäpfel, Wassermelonen, Äpfel und andere rote Früchte, die das Leben und die Rückkehr der Sonne symbolisieren, werden dabei verspeist.

Bemerkenswerterweise werden all diese Feste nicht zu Ehren des Schnees und der kalten Jahreszeit gefeiert, sondern man will mit ihnen den Winter vertreiben und den Frühling herbeilocken. Kulturell betrachtet ist das durchaus sinnvoll, denn für viele Kleinbauern und Gemeinschaften von Selbstversorgern war der Winter eine Zeit der Entbehrung, die es zu durchstehen galt. Mit den *Frost-Fair*-Jahrmärkten versuchte man während der Kleinen Eiszeit (siehe Seite 73) zwischen dem 17. und 19. Jahrhundert, einfach das Beste aus dieser extrem langen Frostperiode zu machen. Natürlich waren sie auch ein guter Vorwand für eine ausgelassene Feier – und weniger eine Verehrung des Schnees als wichtigem Bestandteil menschlichen Daseins. Der Schriftsteller John Evelyn beschrieb einen dieser Jahrmärkte, als gegen Ende des 17. Jahrhunderts die Themse ganze zwei Monate lang zugefroren war:

»Kutschen verkehrten zwischen Westminster und der Temple Church und verschiedenen Anlegern hin und her, ebenso in den Straßen; Schlitten, Bullenhatz auf Schlittschuhen, Pferde- und Kutschenrennen, Puppenspiele und musikalische Darbietungen, Küchenwagen, Zecherei und andere anstößige Dinge, es schien ein Triumph des Bacchantischen zu sein, ein Karneval auf dem Wasser.«

Und doch sind in jüngerer Vergangenheit in vielen Gemeinden schneereicher Regionen Feste ins Leben gerufen worden, die explizit den Schnee und das Eis feiern und besonders deren künstlerische Umsetzung. So wurde zum Beispiel der erste Eispalast vermutlich im Winter 1739 in Sankt Petersburg für die Zarin Anna Iwanowna errichtet, um den Sieg der Russen über das Osmanische Reich zu feiern. Zum Eishaus gehörte ebenfalls ein Eisgarten mit aus Eis geschnitzten Bäumen, Vögeln und einem Elefanten. Noch heute wird in der Stadt jedes Jahr ein Eispalast errichtet. Inzwischen richten auch viele andere Städte Eis- und Schneefeste aus, die Künstlern neue Räume eröffnen und den Tourismus ankurbeln, zum Beispiel Saint Paul in Minnesota, Quebec, Saranac Lake in New York, Kiruna das schwedische *Snöfestivalen* und Heilongjiang in China, wo das größte aller Feste, das *Harbin Eis- und Schnee-Festival* stattfindet.

Schnee und Weihnachten

Dashing through the snow
On a one horse open sleigh
O'er the fields we go,
Laughing all the way
Bells on bob tail ring,
Making spirits bright
What fun it is to laugh and sing
A sleighing song tonight.

Das altbekannte Weihnachtslied »Jingle Bells« von James Pierpont erzählt davon, wie Leute in einem offenen Einspänner über die Felder durch den Schnee fahren und Spaß haben, denn die Glöckchen am Pferdeschwanz bringen sie zum Lachen. »Welch ein Vergnügen ist es«, lautet der Refrain, »heute Abend fröhlich ein Schlittenlied zu singen«.

Wie stehen die Chancen auf weiße Weihnachten?

Das hängt natürlich immer davon ab, was man unter »weiße Weihnachten« versteht. In Großbritannien genügte dem Wetterdienst eine einzige Schneeflocke am 25. Dezember, um weiße Weihnachten auszurufen. Nach dieser Definition ist in 38 der letzten 54 Jahre irgendwo in Großbritannien Schnee gefallen, was eine Wahrscheinlichkeit von 70 Prozent ergibt. Die meisten von uns aber haben bei dem Begriff »weiße Weihnachten« eine etwas dickere Schneedecke vor Augen. In ungefähr demselben Zeitraum ist es in Großbritannien allerdings nur viermal zu nennenswertem Schneefall gekommen, als gute 40 Prozent der britischen Wetterstationen berichteten, dass Schnee nicht nur fiel, sondern auch liegen blieb – womit die Chancen auf weiße Weihnachten in Großbritannien auf miserable acht Prozent gefallen sind. In Deutschland liegt die Wahrscheinlichkeit bei durchschnittlich zwölf Prozent, wobei die Chancen im Schwarzwald und in Bayern deutlich höher sind als im norddeutschen Tiefland.

In den USA müssen mindestens zweieinhalb Zentimeter Schnee liegen bleiben, damit man von weißen Weihnachten sprechen kann. Die schiere Größe des Landes macht eine Wahrscheinlichkeitsberechnung allerdings sehr kompliziert, denn in Anchorage in Alaska liegt sie bei 90 Prozent, in Florida bei nur einem Prozent. Der amerikanische Hydrologe Ethan Gutmann vom National Center for Atmospheric Research analysierte die Daten aus 1000 Wetterstationen des gesamten Landes und ermittelte eine derzeitige Durchschnittswahrscheinlichkeit von 23 Prozent. Übrigens hat er sich dabei die 40er-Jahre etwas genauer angesehen – die Zeit, als Bing Crosbys Version des ursprünglich von Irving Berlin geschriebenen Weihnachtsliedes »White Christmas« erschien – und fand heraus, dass damals die Wahrscheinlichkeit von weißen Weihnachten mit durchschnittlich 33 Prozent sehr viel höher war. In Deutschland war aber auch damals schon das Weihnachtstauwetter als Phänomen bekannt.

Warum denken wir bei Weihnachten automatisch an Schnee?

Wenn aber die Schneewahrscheinlichkeit für die meisten von uns so gering ist, warum bitte denken wir, dass Weihnachten und Schnee zusammengehören? Manche Leute schieben Charles Dickens die Schuld in die Schuhe, dessen berühmte *Weihnachtsgeschichte* über Wiedergutmachung und zweite Chancen vor dem Hintergrund eines ziemlich idealisierten, tief verschneiten London spielt.

> *»[...] und sie standen in den Straßen der Stadt, am Morgen des Weihnachtstages, wo die Leute, denn es war sehr kalt, eine rauhe, aber muntere und nicht unangenehme Musik machten, wie sie den Schnee von dem Straßenpflaster und den Dächern der Häuser zusammenscharrten. Und daneben standen die Kinder und freuten sich und frohlockten, wie die Schneelawinen von den Dächern herunterstürzten und in künstliche Schneestürme zerstiebten.«*

Dickens' 1843 veröffentlichte *Weihnachtsgeschichte* hat maßgeblich dazu beigetragen, ein Kultbild schneeweißer Weihnachtstage zu erschaffen, ebenso wie es die Werke anderer zeitgenössischer Schriftsteller und Künstler getan haben, unter anderen die Maler Pieter Bruegel und Abraham Hondius. Auf der anderen Seite des Ozeans war es das beliebte amerikanische Gedicht »Als der Nikolaus kam« von Clement Clarke Moore, das Assoziationen eines rotbäckigen Weihnachtsmannes, Geschenken und einer verschneiten, stillen Nacht weckte:

»Es hatte geschneit, und der Mondschein lag
So silbern auf allem, als sei's heller Tag.
Acht winzige Rentierchen kamen gerannt,
Vor einen ganz, ganz kleinen Schlitten gespannt!«

Interessanterweise wurden im viktorianischen England viele einflussreiche Kunstwerke von Menschen geschaffen, die das kälteste Jahrzehnt seit Ende des 17. Jahrhunderts miterlebt hatten, genauer gesagt die Zeit zwischen 1810 und 1820 (einschließlich des letzten *Frost-Fair*-Jahrmarktes 1813). Man kann daher relativ sicher sein, dass von den ersten neun Weihnachten, die Charles Dickens als Kind erlebte, sechs weiß waren.

Im Jahr, als Dickens' *Weihnachtsgeschichte* erschien, verschickte auch der Erfinder und Staatsbeamte Henry Cole die erste Weihnachtskarte der Welt. Seine Idee wurde ein Riesenerfolg, und Tausende von Karten wurden im viktorianischen England verschickt und gesammelt. Auch diese Karten zeigten meist eine Weihnachtsidylle und trugen dazu bei, die Bilder in unseren Köpfen zu verankern, die wir auch heute noch mit Weihnachten verbinden: Rotkehlchen, Weihnachtsbäume, schneebedeckte Landschaften – und die besonders in England beliebten Knallbonbons.

Schnee in der Folklore

Ein Ratschlag ist wie Schnee. Je weicher er fällt,
desto länger hat man etwas davon,
und desto tiefer sinkt der Geist darin ein.

Samuel Taylor Coleridge, »Confessions
of an Inquiring Spirit«

Zu Zeiten, als es noch keinen verlässlichen Wetterbericht gab, stützten sich die Menschen auf ihre Beobachtungen der Natur und auf alten Aberglauben, um Vorhersagen über Schneefälle und Winterstürme zu treffen. Diese vermeintlich irrationalen Überzeugungen sorgten aber nicht nur für Trost und Rat in Zeiten körperlicher Entbehrungen, sondern boten auch die Gelegenheit, Kultur und Wissen mündlich weiterzugeben, zumal in einer Gesellschaft, in der nur wenige Leute lesen und schreiben konnten. Bauern, Landarbeiter und Seeleute hatten besonders viele Sprichwörter, mit denen sie nicht nur einen harten Winter vorhersagen konnten, sondern auch die ersehnte Rückkehr des Frühlings ankündigten:

VIELE HAGEBUTTEN BEDEUTEN KALTE FÜSSE

Das alte Sprichwort »Many haws, cold toes« aus Yorkshire, das sich im dortigen Dialekt sogar reimt, gibt es in zahlreichen regionalen Varianten, und es warnt davor, dass eine reiche Ernte von Heckenobst im Herbst (wie beispielsweise Hagebutten, Brombeeren und Weißdorn) auf einen harten, schneereichen Winter hindeutet. Ebenso die Bauernweisheit »Sitzen die Birnen fest am Stiel, bringt der Winter Kälte viel«. Dieser Aberglaube hat einen durchaus vernünftigen Ursprung, nämlich die Vorstellung, dass die Natur für gute Vorräte sorgt, um die Vögel durch den Winter zu bringen. Wissenschaftlich untermauert ist diese These allerdings noch nicht.

WENN DIE KATZE DEN RÜCKEN ZUWENDET …

Ein weiterer Aberglaube, der im 18. Jahrhundert weitverbreitet war, aber zweifellos älter ist, besagt, dass eine Katze, die mit dem Rücken zum Kamin sitzt, ein Zeichen für bevorstehenden starken Frost ist.

IST DER MOND KLAR ZU SEHEN, FOLGT BALD DER FROST

Dieses Sprichwort stellt korrekterweise eine Verbindung zwischen einem klaren Nachthimmel und der hohen Wahrscheinlichkeit von Frost her. Wenn nämlich Wolken als Wärmedämmung fehlen, kann die Erdwärme durch den klaren Nachthimmel in die Atmosphäre aufsteigen und so für kühlere Temperaturen am Boden sorgen.

HAT DER MOND EINEN HOF, KOMMT BALD SCHNEE

Auch diese These hat einen wahren Kern. Ein Mondhof oder -Halo ist sichtbar, wenn sich das Licht von der Sonne oder dem Mond an Eiskristallen in sehr hohen Wolken bricht. Diese Wolken sind oft die Vorboten eines Tiefdruckgebietes, das nicht selten einen Schneesturm oder Regen nach sich zieht.

BLEICHER MOND BRINGT REGEN, ROTER MOND WIND UND WEISSER MOND WEDER SCHNEE NOCH REGEN

Wie wir bereits wissen, kann es nicht schneien, wenn sich keine Staubpartikel in der Luft befinden. Je mehr Partikel in der Luft sind, desto größer ist die Wahrscheinlichkeit, dass sich Feuchtigkeit daran anheftet und Tropfen bildet, die als Regen oder Schnee zur Erde fallen. Wenn wir den Mond jedoch durch staubhaltige Luft ansehen, kann er bleich oder blassrot erscheinen. Ist dagegen kaum Staub in der Luft, sieht der Mond weißer aus.

FÄLLT DER SCHNEE TROCKEN, BLEIBT ER LIEGEN, LUFTIGE, WEICHE FLOCKEN DAGEGEN BRINGEN REGEN

Trockener Schnee entsteht im Allgemeinen bei sehr viel niedrigeren Temperaturen (null Grad oder darunter), was die Wahrscheinlichkeit, dass er wegschmilzt, natürlich verringert. Nasser Schnee, der durch wärmere Luftmassen fällt, also über null Grad, kommt in schönen großen flauschigen Flocken zu uns.

Schnee essen

Schnee ist kostenlos, sauber und reichlich vorhanden – warum essen und trinken wir dann eigentlich nicht mehr davon? Zwar finden wir in der Geschichte ein paar berühmte Beispiele von Rezepten – Alexander der Große und Kaiser Nero sollen beide gerne einen Eiscocktail genossen haben –, doch gibt es nicht viele Hinweise darauf, dass Schnee zum Kochen benutzt oder als Trinkwasserressource empfohlen wurde.

Abgesehen davon, dass man von zu viel Eis Kopfschmerzen bekommt, die Zähne empfindlich reagieren und einem kalt wird, gibt es einige andere gesundheitliche Gründe, warum davon abzuraten ist, das weiße Zeug in rauen Mengen zu konsumieren.

Sowohl Grundwasser wie auch Oberflächenwasser, die Grundlage unseres Trinkwassers also, bestehen nicht nur aus reinem Wasser. Beide enthalten winzige Mengen gelöster Substanzen, wie Mineralien und organische Stoffe, die für unsere Gesundheit wichtig sind. Frisch gefallener Schnee und Regenwasser dagegen sind entmineralisiert. Mit anderen Worten: Wasser, das direkt aus Neuschnee oder Regen stammt, ist pures Wasser und enthält keinerlei Spurenelemente. Laut der Weltgesundheitsorganisation kann über längeren Zeitraum konsumiertes Trinkwasser, das keine oder kaum Mineralien enthält, eine Reihe von gesundheitlichen Problemen hervorrufen, unter anderem Schwäche, Müdigkeit, Kalziummangel in den Knochen und Muskelkrämpfe. Derartige Mangelerscheinungen wurden beispielsweise bei Alpinisten festgestellt, die über einen gewissen Zeitraum geschmolzenen Schnee ohne zugefügte Mineralstoffe getrunken haben. Das bedeutet natürlich nicht, dass man nicht im Notfall auf Schnee zurückgreifen sollte, um zu überleben! Experten raten aber immer dazu, ihn zu erwärmen, denn die Aufnahme von gefrorenem Wasser kann die Körpertemperatur auf einen gefährlich niedrigen Wert senken.

Ein weiterer wichtiger Grund, warum es keine ganz so tolle Idee ist, größere Mengen Schnee zu vertilgen: Schnee sammelt Bakterien auf, sobald er auf den Boden trifft. In einer neueren Studie wurde untersucht, wie lange Schnee zum Verzehr geeignet ist. Das Experiment zeigt, dass Neuschnee tatsächlich keine Bakterien enthält, aber nach einem halben Tag bereits kontaminiert ist. Der Bakterienwert steigt natürlich mit dem Grad der jeweiligen Umweltverschmutzung, was bedeutet, dass Schnee in der Stadt nicht so lange verzehrbar ist wie auf dem Land. Außerdem: Je kälter das Wetter, desto langsamer vermehren sich die Bakterien. Stadtschnee ist also anfälliger dafür, giftige Stoffe aufzunehmen, besonders aus Abgasen.

Allerdings besteht kein Grund zur Panik. Es gibt kaum etwas Schöneres, als mit der Zunge Schneeflocken aufzufangen oder sich einfach eine Handvoll Neuschneesorbet in den Mund zu schieben. Die Yupik in Alaska bereiten beispielsweise eine Art Eis zu, das *Akutaq* genannt wird, was »zusammengerührt« bedeutet. Dafür werden tierische Fette, Beeren und Neuschnee schaumig verquirlt. Auch Pfannkuchenrezepte aus Kriegszeiten enthalten oft einen Löffel Schnee, damit der Teig lockerer wird. Und *Maple Taffy*, ein berühmtes Konfekt aus Kanada, wird hergestellt, indem heißer Ahornsirup auf Schnee geträufelt wird.

Wenn man also unbedingt Schnee essen möchte, sollte man folgende Regeln beachten: keinen alten Schnee, keinen dreckigen Schnee, keinen planierten Schnee, keinen Stadtschnee und nie, nie, niemals *gelben* Schnee!

◇◇

Schon gewusst?

Die alten Griechen glaubten, dass man einen Kropf bekommt, wenn man geschmolzenen Schnee trinkt – eine Schilddrüsenerkrankung, die eine Schwellung am Hals verursacht. Obwohl sie nicht wussten wieso, waren die alten Griechen damit nah an der Wahrheit, denn eine Ursache für einen Kropf ist Jodmangel, und wie wir wissen, enthält Schneewasser – im Gegensatz zu Grundwasser – keine Mineralien, also auch kein Jod.

◇◇

Die Aussaat ist zum Lernen da,
die Ernte zum Lehren und der Winter
fürs Vergnügen.

William Blake, »Proverbs of Hell«

SPASS IM

SCHNEE

Schneemänner

Der Mensch besitzt eine nahezu unerschöpfliche Krea-
tivität. Da fällt es nicht schwer, sich vorzustellen, dass
schon frühe Menschen, die Schnee gesehen und erlebt
haben, gleich auch ausprobieren wollten, was sich damit
anstellen lässt. Wir ahmen von Natur aus alles nach, was
wir sehen. Daher können wir uns leicht ausmalen, wie
unsere Urahnen in grauer Vorzeit Schneebälle gerollt,
aus Eis Skulpturen geschaffen und aus Schnee einen
menschlichen Körper geformt haben.

Dennoch gibt es kaum Beweise für vorzeitliche Schneemänner. Die älteste Zeichnung eines Schneemanns, die
je gefunden wurde, ist winzig klein und in einer Fuß-
note eines kolorierten mittelalterlichen Manuskripts
versteckt, einem *Stundenbuch* von 1380. Zu sehen ist eine
Figur, von der Historiker annehmen, dass es sich um
einen eigenartig geformten Schneemann handelt, dessen Hinterteil am offenen Feuer schmort. Wir müssen
noch bis 1603 warten, um das erste Bild eines herkömm-
lichen Schneemanns zu sehen. Da erschien das Buch *Les
Petits Voyages*, ein Kartenwerk mit Kupferstichen, von denen einer den niederländischen Entdecker Willem Ba-
rentsz im Gespräch mit Inuit zeigt. Und im Hintergrund
steht – klein, aber klar und deutlich – ein Schneemann.

Es hat aber auch berühmte Schneemänner gegeben. Der Maler und Kunsthistoriker Giorgio Vasari beschrieb im 16. Jahrhundert einen Schneemann, den Michelangelo im Auftrag der Familie Medici angefertigt hatte:

> *»(...) eines Winters, nachdem in Florenz viel Schnee gefallen war, hielt er [Piero de' Medici] ihn an, auf seinem Vorplatz eine Skulptur aus Schnee anzufertigen, welche sehr schön anzusehen war.«*

Ein Schneemann gehört auch zu den ersten Motiven, die jemals fotografiert wurden. Die Fotopionierin Mary Dillwyn schoss 1845 ein Foto von einem Mann und einer Frau, die einen Schneemann bauen. Dabei handelt es sich nicht nur um eine der ganz frühen Fotografien, sondern auch um eine der ersten, die außerhalb eines Studios entstanden sind und eine ungestellte, spontane Situation im Familienalltag abbilden.

Der größte Schneemann der Welt war eigentlich eine Schneefrau. Die Einwohner von Bethel im amerikanischen Bundesstaat Maine verbrauchten in Zusammenarbeit mit Menschen aus Nachbarorten fast 6000 Tonnen Schnee, um eine Schneefrau zu bauen, die 37,21 Meter hoch war – und damit nur ein paar Meter kleiner als die Freiheitsstatue vom Boden bis zur Fackel. Es dauerte einen ganzen Monat, die Schneefrau fertigzustellen; ihre Arme bestanden aus zwei jeweils neun Meter langen Fichten, und als Wimpern fungierten acht Paar Ski.

Der kleinste Schneemann dagegen hatte einen Durchmesser von gerade einmal 0,01 Millimeter, was ungefähr einem Fünftel der Dicke eines menschlichen Haares entspricht. Er war auch nicht aus echtem Schnee, sondern wurde von englischen Wissenschaftlern des National Physical Laboratory aus winzigen Kugeln gebaut, die man normalerweise verwendet, um Elektronenmikroskope zu kalibrieren. Ein mikrofeiner Strahl bohrte dann zwei Löchlein als Augen, dazu eine Nase und ein Grinsen.

Wie man einen Schneemann baut

Eigentlich weiß jeder, wie man einen Schneemann baut – ist ja auch ein Kinderspiel. Trotzdem gibt es ein paar Tricks, wie man den Ball richtig ins Rollen bringt.

Das weiße Zeug

Für Schneemänner wie für Schneebälle nimmt man eine ganz bestimmte Art von Schnee. Trockener Pulverschnee, wie er bei sehr niedrigen Temperaturen fällt, pappt nicht zusammen. Man braucht den schönen feuchten Schnee, der bei Temperaturen kurz über dem Gefrierpunkt in großen Flocken zur Erde schwebt (siehe »Nassschnee« auf Seite 29). Um zu testen, wie sich der

Schnee verhält, sollte man ihn in der Hand zusammendrücken. Wenn der kleine Ball in Form bleibt und er sich gut werfen lässt, kann man loslegen.

Wichtig: Der Untergrund

Zuerst muss man den richtigen Untergrund für den Schneemann finden. Eigentlich logisch, aber zur Erinnerung: Am besten baut man einen Schneemann an einem schattigen Plätzchen abseits der Sonne, damit er nicht gleich schmilzt. Zudem sollte man einen ebenen Untergrund auswählen, Asphalt allerdings meiden, denn darauf schmilzt der Schnee schneller, weil der Asphalt die Sonnenwärme länger speichert als andere harte Oberflächen und Rasen.

Zuerst in Handarbeit

Man sollte nicht versuchen, gleich einen großen Schneeball zu rollen! Zunächst formt man einen großen, festen Schneeball mit den Händen, am besten mit einem Durchmesser von ungefähr 30 Zentimetern. Dann erst legt man ihn auf den Boden und fängt an zu rollen.

Wo soll das enden?

Wenn man weiß, wo der Schneemann am Ende stehen soll, überlegt man sich, wie man den Schneeball rollen muss, damit er an der richtigen Stelle ankommt. Wenn man mit dem Rollen beginnt, merkt man schnell, dass daraus eher ein Zylinder oder eine Walze wird als eine Kugel, also ändert man hin und wieder die Rollrichtung um 90 Grad.

Ein stabiles Fundament

Der erste Schneeball bildet das Fundament des Schneemanns. Wenn er an der richtigen Stelle sitzt, kann man ihn oben abflachen, damit der Rumpf gut darauf sitzt.

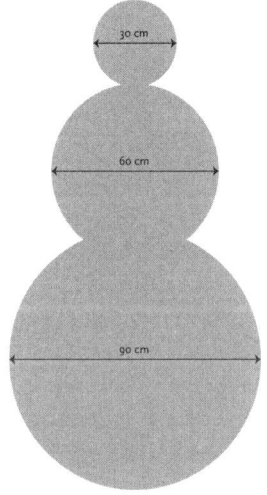

Der perfekte Schneemann

Der Rumpf

Auch der Boden des Rumpfes sollte abgeflacht werden, damit die beiden Teile gut aufeinandersitzen. Kleiner Tipp: Wenn man Schwierigkeiten hat, den Rumpf auf die untere Kugel zu setzen, kann man ein Brett an das Fundament lehnen und den Rumpf an die richtige Stelle rollen. Dann muss nur noch der Rumpf oben abgeflacht werden, damit der Kopf nicht herunterpurzelt.

Zum Schluss ein kleiner Kopf

Das optimale Schneemannverhältnis für Fundament, Rumpf und Kopf lautet 3:2:1. Das Fundament muss stabil genug sein, um das Gewicht von Rumpf und Kopf zu tragen. Ist ein Schneeball aber zu groß, kann er an Stabilität verlieren, weil man nicht genug Druck ausüben kann, um den Schnee zusammenzupressen. Ein bisschen Schnee an den Verbindungen zwischen jeweils zwei Kugeln bringt zusätzliche Stabilität.

◇◇

Schon gewusst?

Der größte Schneeball der Welt hatte einen Umfang von 10,04 Meter und wurde 2013 von Studenten der American Society of Mechanical Engineers an der Michigan Technological University gerollt.

◇◇

Schneebälle

Es ist keine große Überraschung, dass sich aus derselben Art Schnee, aus der man einen guten Schneemann bauen kann (siehe »Wie man einen Schneemann baut« auf Seite 129), auch bestens Schneebälle formen lassen. Nicht zu matschig und nicht zu pudrig sollte er sein. Allerdings haben wir beim Schneeballformen etwas mehr Spielraum, weil die Wärme unserer Hände die Eiskristalle zum Schmelzen bringt und sie so besser aneinanderhaften. Hardcore-Schneeballproduzenten arbeiten nach dem Motto »bloße Hände, bessere Schneebälle«, alle anderen, die sich gern länger an einem kompletten Satz Finger erfreuen wollen, können auf wollene Fingerhandschuhe zurückgreifen. Sie eignen sich besser als Fäustlinge, weil man mit ihnen mehr Druck auf den Schneeball ausüben kann und sie auch mehr Wärme abgeben. Mit Fingerhandschuhen kann man den fertigen Schneeball außerdem besser halten und präziser werfen.

Einen Schneeball formen

Man versucht am besten erst gar nicht, den Schneeball durch einmaliges Zusammenpressen zu formen. Besser sind sanfter Druck und stetiges Wenden des Schneeballs (etwa wie bei der Zubereitung von Knödeln oder Frikadellen). So entsteht ein runderer, kompakterer Schneeball, der nicht plötzlich in sich zusammenfällt, wenn man mal zu feste gedrückt hat.

Echte Kenner polieren den Schneeball am Ende noch ein bisschen, sodass ein perfektes Projektil entsteht. Wer besonders gemein sein will, taucht seinen Schneeball noch kurz in Wasser, wodurch die Bälle eisenhart werden. Nicht empfehlenswert, wenn man fair bleiben möchte!

In Japan wurden Schneeballschlachten zu einem Profisport erhoben, dem sogenannten *Yukigassen*. Zwei Teams mit je sieben Spielern treten mit jeweils 90 vorgefertigten Schneebällen gegeneinander an. Die Regeln sind ähnlich wie beim Völkerball – jedes Team versucht, Spieler der gegnerischen Mannschaft mit Schneebällen abzuwerfen. Sieger ist das Team, das nach Ende der Spielzeit noch mehr Spieler auf dem Feld oder aber die Flagge des Gegners erobert hat.

Tipps zur Wurftechnik

Wer bei seinen Würfen nicht besonders zielsicher ist, darf sich gerne einen Baseball-Pitcher zum Vorbild nehmen – sie sind die Meister des präzisen, schnellen Werfens. Es gibt online eine Menge lehrreicher Videos, aber im Grunde kommt es auf ein paar wenige Dinge an. Man muss die Füße schulterbreit auseinanderstellen und sich seitlich drehen, quasi wie ein Bogenschütze. Den Ball hält man mit den Fingern, nicht in der Handfläche. Vor dem Wurf hält man beide Hände wie ein Pitcher vor die Brust und dreht dann den Körper beim Wurf wieder zum Ziel hin. Wenn der Schneeball die Hand verlässt, sollten die Finger zum Ziel deuten, dann wird der Wurf präziser.

◇◇

Schon gewusst?

Die größte Schneeballschlacht aller Zeiten fand 2016 in Saskatoon in der kanadischen Provinz Saskatchewan statt – mit 7681 Teilnehmern! Der Versuch im Jahr darauf, den Rekord zu brechen und mit 9000 Teilnehmern zu starten, musste abgebrochen werden. Es gab zu viel Schnee.

◇◇

Warum kann ich meinen Atem sehen, wenn ich im Schnee tobe?

Wenn man atmet, kommen eine Menge Dinge aus dem Mund. Abgesehen von Kohlendioxid, Stickstoff und Sauerstoff enthält unsere Atemluft auch ungefähr fünf Prozent Wasserdampf. Wenn es draußen sehr kalt ist, kühlt dieser Wasserdampf schnell ab und kondensiert in Form winziger Wassertröpfchen oder Eiskristalle, die man sehen kann.

Ein Iglu bauen

Die Inuit haben den Iglubau zu einer wahren Kunstform erhoben, und es ist längst nicht so einfach, wie es aussieht. Hier ein paar Tipps, wie man ein einfaches Iglu für den Garten bauen kann. Für den Bau benötigt man zwei Personen: eine, die innen arbeitet, eine andere, die die Blöcke von außen anreicht.

Den richtigen Schnee auswählen

Pulverschnee ist kein guter Baustoff, man braucht eine dicke, kompakte Schneedecke, um daraus Blöcke zu formen. Mangelt es an geeignetem Schnee, hat man zwei Möglichkeiten: Entweder häuft man einen großen Hügel Schnee auf und lässt ihn über Nacht sacken, damit er komprimiert (siehe auch *Quinzhees* im Kapitel »Schnee-häuser« auf Seite 93). Oder aber man trampelt den Schnee mit den Füßen platt.

Einen Kreis formen

Für Anfänger reicht ein Iglu mit einem Durchmesser von zweieinhalb Metern. Man nimmt einen Holzpflock und eine Schnur, um einen perfekten Kreis im Schnee zu markieren.

Blöcke schneiden

Am besten benutzt man ein Brotmesser oder eine Hand-säge, um Blöcke aus dem Schnee zu schneiden. Die Größe richtet sich nach der Beschaffenheit des Schnees – die Inuit bauen ihre Iglus mit riesigen Blöcken, die etwa 90 Zentimeter lang, 40 Zentimeter hoch und 20 Zenti-meter tief sind. In unseren Breiten eignet sich der Schnee wahrscheinlich nur für kleine Exemplare. Erst einmal legt man den aufgezeichneten Kreis ganz mit Blöcken aus, dies ist das Fundament.

Spiralförmig bauen

Mit dem Messer oder der Säge schneidet man eine Schräge in etwa ein Drittel der Blöcke (wie in der Abbildung unten). Dann erst kann man die restlichen Blöcke spiralförmig auflegen. Für Rechtshänder ist es leichter, gegen den Uhrzeigersinn zu bauen, Linkshänder arbeiten am besten mit dem Uhrzeigersinn. Und: Man stellt sich in das Iglu hinein und lässt sich die Blöcke von außen anreichen.

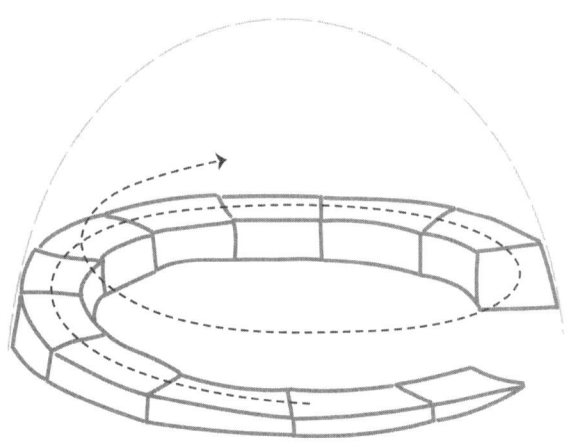

Blöcke zurechtschneiden

Mit dem Messer oder der Säge schneidet man den Boden eines jeden Blocks leicht schräg an, sodass sich dieser beim Auflegen etwas nach innen neigt. So entsteht die typische Kuppelform. Damit sie so eng wie möglich aneinanderliegen, kann man die Form der Blöcke auch erst dann zurechtschneiden, wenn man sie zusammenschiebt.

◇◇◇

Schon gewusst?

Je nachdem, welchen Zweck sie erfüllen sollen, konstruieren die traditionellen Iglubauer der Inuit verschiedene Schutzhütten. Ein alleine arbeitender Mann kann sich einen Unterschlupf für die Nacht in einer Stunde herrichten. Für ein größeres Iglu, das eine Familie länger beherbergen soll, benötigt man zwei Bautage.

◇◇◇

Den Eingang frei machen

Zur Sicherheit sollte man oben in der Kuppel kleinere Blöcke verwenden. Und kurz vor dem Ende innehalten und ein Eingangsloch in die Außenwand graben, so klein wie möglich. Die Inuit machen das traditionell von der Innenseite aus, nachdem sie das Iglu fertiggebaut haben, aber es ist natürlich sicherer, sich nicht erst einzumauern.

Die Vollendung

Die letzte Lücke im Dach wird mit einem Block verschlossen, der genau passend zugeschnitten wurde. Nun stopft man alle Lücken zwischen den Blöcken auf der Innen- wie der Außenseite mit Schnee zu, um eine ebenmäßige, stabile Oberfläche zu schaffen.

Quellenangabe